AF319892

CONTRIBUTION A L'ÉTUDE

DE LA

VIE DES MICROBES PATHOGÈNES

DANS L'EAU

PAR

LE DR ALPHÉE DUBARRY

Ancien interne en Médecine et en Chirurgie des Hôpitaux de Paris
Ancien interne de l'hôpital des Enfants-Malades
Médailles de bronze de l'Assistance publique (externat 1881, internat 1888)
Lauréat de la Société de Médecine et de Chirurgie de Bordeaux, 1887

PARIS

E. FOUCART, ÉDITEUR

45, BOULEVARD SAINT-MICHEL, 45

—

1889

AVANT-PROPOS

Pendant que j'étais son interne, mon bien cher maître
M. le professeur Straus n'a jamais cessé de me prodiguer
les plus grands témoignages de sympathie. Par ses conseils de chaque jour ou plutôt de chaque instant, il a bien
voulu guider mes premiers pas dans l'étude si intéressante
de la bactériologie. C'est lui qui m'a inspiré ce travail ;
s'il a quelque valeur, tout l'honneur lui en revient. J'ac-
complis aujourd'hui un devoir bien agréable en le lui dé-
diant : puisse-t-il y trouver un reflet de son enseignement !

Je tiens aussi, avant de commencer, à rendre hom-
mage à la mémoire de mon regretté maître le professeur
Parrot, dont les encouragements et les brillantes leçons
me firent prendre goût à l'étude des maladies de l'enfance
dès le début de ma carrière médicale.

Que M. le professeur Hardy m'autorise à dire combien
je lui suis reconnaissant des excellents conseils qu'il me
donna pendant l'année 1883. Les enseignements de son
érudition et de sa longue expérience clinique seront toujours présents à ma mémoire.

Il m'est doux de pouvoir adresser ici le témoignage de ma profonde gratitude à mon maître M. Berger dont je pus, pendant ma première année d'internat, mettre à profit les hautes connaissances chirurgicales et apprécier les bons conseils. Je dois aussi les remerciements les plus sincères à MM. Nicaise et Routier qui l'année suivante achevèrent de me convaincre des brillants résultats que donne en chirurgie l'antisepsie la plus rigoureuse. Quiconque les a vus est à jamais converti aux méthodes chirurgicales modernes.

M. le docteur Jules Simon fut pour moi, à l'hôpital des Enfants-Malades, à la fois un ami et un maître. Ses leçons au lit du malade, ses conférences thérapeutiques et cliniques sur les maladies des enfants, ses conseils journaliers seront pour moi du plus précieux enseignement.

M. le professeur Pajot et M. Bonnaire, mes maîtres en obstétrique, m'autoriseront aussi à leur témoigner toute ma reconnaissance.

M. le docteur Bourneville a bien voulu me faire profiter de ses grandes connaissances sur les maladies mentales : je l'en remercie de tout cœur, ainsi que de l'honneur qu'il m'a fait en m'associant à l'une de ses nombreuses publications.

Je saisis aussi l'occasion d'exprimer ma profonde gratitude à M. Marey, professeur au Collège de France, de l'honneur qu'il me fit en me permettant de travailler dans son laboratoire de physiologie, et à M. le docteur Abadie, qui voulut bien me laisser profiter de ses intéressantes cliniques sur les maladies des yeux.

DÉLIMITATION DU SUJET

Le rôle que les médecins ont, de toute antiquité, fait jouer aux eaux potables dans l'étiologie des maladies, a encore acquis une importance plus considérable depuis que la science s'est enrichie des doctrines pastoriennes. Si l'on pouvait autrefois accuser ces eaux d'engendrer certaines affections, on n'avait pas comme aujourd'hui la preuve de leur fâcheuse influence.

Grâce aux découvertes récentes, nous savons en effet y retrouver les germes de certaines maladies, celui de la fièvre typhoïde et du choléra par exemple, pour ne parler que des deux les plus meurtrières.

Le but que nous nous sommes proposé dans ce travail a été :

1° De rechercher quels sont les meilleurs procédés à employer pour mettre en évidence les différents microbes que l'eau renferme;

2° De voir quels sont les microbes pathogènes qui peuvent vivre dans ce milieu;

3° D'étudier quelle peut y être la durée de leur vie;

4° De constater si un séjour plus ou moins long dans ce liquide porte atteinte à leur virulence.

Dans un premier chapitre, nous passerons successivement en revue les différents procédés d'analyse bactériologique des eaux. La description de ces méthodes se trouvant disséminée dans les diverses publications périodiques d'hygiène, de médecine ou de chimie, il nous a paru utile de les réunir, de les grouper, afin de mieux les comparer d'abord et ensuite dans le but de rendre service à ceux qui désireraient se livrer à de nouvelles recherches sur les eaux potables.

Dans un deuxième chapitre, nous verrons comment se comportent les microbes pathogènes dans l'eau stérilisée, c'est-à-dire dans l'eau débarrassée des bactéries vulgaires qu'on y rencontre toujours, même quand elle est très pure.

Dans la dernière partie de ce travail, nous chercherons à établir quelle est la durée de la vie des microbes pathogènes dans l'eau telle qu'elle est dans la nature, dans l'eau non stérilisée.

Nous serons trop heureux si ces recherches peuvent contribuer à débarrasser de quelque inconnue le grand problème de la prophylaxie des maladies infectieuses.

CONTRIBUTION A L'ETUDE

DE LA

VIE DES MICROBES PATHOGÈNES

DANS L'EAU

CHAPITRE PREMIER

ANALYSE BACTÉRIOLOGIQUE DES EAUX

La distinction entre les eaux saines et les eaux malsaines
ne saurait être établie d'après leurs propriétés physiques.
Telle eau dont la couleur, la saveur et l'odeur ne présentent
rien d'anormal, peut être extrêmement dangereuse pour la
consommation. L'analyse chimique telle qu'on la pratiquait
autrefois, ne sert surtout aujourd'hui qu'à déterminer les
aptitudes des eaux à renouveler les éléments minéraux de
l'économie. Il serait cependant tout à fait injuste de faire ici
le procès des investigations chimiques. Grâce en particulier
au procédé employé par M. Gabriel Pouchet, elles peuvent
donner des résultats qui ne sont pas à dédaigner au point
de vue de l'hygiène et de l'étiologie de certaines affections.

Il est en effet démontré qu'en les faisant bouillir pendant
dix minutes dans une solution *alcaline* de permanganate
de potasse, les amides et l'urée ne sont pas sensiblement attaqués, tandis qu'ils sont attaqués par l'ébullition dans une
solution acide de ce même sel. La différence obtenue dans

ces deux solutions, l'une acide, l'autre alcaline, représente la part qu'il faut faire aux produits d'infiltration excrémentitielle animale. En un mot, cette ingénieuse méthode permet d'affirmer s'il existe dans une eau donnée des matières d'origine fécaloïde. On comprendra d'autant plus aisément la valeur de cette analyse chimique, que la recherche des bacilles pathogènes dans l'eau potable, et notamment de celui de la fièvre typhoïde, n'est pas toujours aussi facile qu'on pourrait le supposer. Si, en temps d'épidémie, l'analyse chimique dévoile dans l'eau la présence des matières fécales, on aura de fortes présomptions contre ce liquide; mais pour arriver à la certitude, il faudra avoir recours à d'autres procédés.

L'examen bactériologique des eaux est en effet devenu indispensable pour ce qui concerne l'étiologie et la prophylaxie des maladies, un des points les plus importants de l'hygiène publique. L'eau que nous buvons sert de milieu de culture à une multitude d'infiniment petits dont l'étude est extrêmement intéressante.

Ces bactéries aquatiles inoffensives, peuvent s'y multiplier à tel point, qu'elles forcent les autres à s'effacer devant elles. Nous aurons l'occasion de revenir plus tard sur ce sujet d'une si haute importance, lorsque nous parlerons de la concurrence, de la lutte pour la vie, des infiniment petits entre eux. Nous verrons alors quelle influence peut avoir leur présence, lorsque tombent au milieu de ces microbes vulgaires de l'eau les organismes pathogènes. Ces derniers peuvent en effet trouver dans ce liquide sinon un milieu de culture, du moins un moyen de conservation et de transport pour aller disséminer au loin les maladies infectieuses dont ils sont la cause.

Déjà en 1878 M. Pasteur avait annoncé l'existence, dans les eaux même très pures, d'un microbe (*vibrion septique*) qui peut les rendre dangereuses quand on les utilise sans les avoir préalablement désinfectées.

M. Gaffky trouva en 1881 dans l'eau de la Panke la bactérie de la *septicémie du lapin*.

Les recherches continuèrent et en 1884 M. Koch obtint le bacille du choléra en cultivant sur la gélatine l'eau d'un *tank*, situé près de Calcutta, dans lequel on avait lavé du linge de cholérique, alors que sur ses bords sévissait une épidémie.

M. Klein a également trouvé dans l'eau le *komma bacillus*, et en 1886 M. Frankland (1) a pu constater, en Angleterre, que les eaux d'égout stérilisées fournissent au vibrion du choléra un terrain de culture excellent.

En 1886, M. Michael (de Dresde), qui travaillait au laboratoire de M. Johne, pratiqua l'examen bactériologique d'un échantillon de l'eau d'un puits de la commune de Grossburgk-i.-S. ; plusieurs personnes ayant fait usage de l'eau de ce puits avaient été atteintes de fièvre typhoïde. Il put mettre en évidence, dans cette eau, la présence du bacille d'Eberth-Gaffky (2).

A la même époque, M. Mörs (3), chirurgien à Mulheim-sur-Rhin, trouva le bacille de la fièvre typhoïde dans l'eau d'un puits directement souillée par du liquide venant d'une fosse d'aisances.

M. Michael, puis M. Mörs, donnèrent ainsi, pour la première fois, la preuve scientifique, indéniable, de la propagation de la fièvre typhoïde par les eaux potables, qui avaient été accusées par tous les épidémiologistes depuis la plus haute antiquité.

A partir de cette époque, les bactériologistes français ont fréquemment constaté la présence du bacille typhique dans les eaux potables.

Au mois d'octobre 1886, MM. Dreyfus-Brisac et Widal (4) semaient l'eau d'une borne-fontaine de Ménilmontant à laquelle s'était abreuvée une famille dont plusieurs membres avaient

(1) *On the multiplication of micro-organisms* (*Proceedings of the Royal Society*, London, 1886).

(2) Michael (Ivan), *Typhus Bacillen im Trinkwasser* (*Fortschritte der Medizin*, 1886, p. 353).

(3) *Die Brunnen der Stadt Mühlheim am Rhein vom bakteriologischen Standpunkte aus betrachtet* (*Engändzüngsheft zum Centralblatt für allgem. Gesundheitspflege II*, p. 133, 1886).

(4) *Gazette hebdomadaire*, 1886, p. 726.

ensuite été frappés de fièvre typhoïde. Ils parvinrent à y retrouver le bacille typhique.

Dans le courant du même mois, MM. Brouardel, Chantemesse et Widal (1) le retrouvèrent dans l'eau d'un puits de Pierrefonds, ayant alimenté pendant l'été des personnes qui furent atteintes de fièvre typhoïde. Les mêmes expérimentateurs (2) le rencontrèrent quelque temps après dans l'eau du réservoir d'une maison de Clermont-Ferrand pendant la dernière épidémie de cette ville.

M. Thoinot (3), dans le courant du mois de mars 1887, parvint à isoler le bacille typhique dans l'eau de Seine prise au pont d'Ivry et communiqua sa découverte à l'Académie de médecine.

Enfin, MM. Arloing et Morat, au moment de l'épidémie de Cluny, Macé, lors de l'épidémie de Sézanne, et Marié-Davy dans les eaux de Varzy, ont tous retrouvé dans l'eau le bacille d'Eberth.

M. Kowalski a fait plus de 2 000 examens bactériologiques des eaux de Vienne et des environs; il n'a réussi que cinq fois à déceler le bacille typhique : en 1886, dans l'eau d'un puits de la caserne de Klosternenburg; la même année près de Vienne, pendant une épidémie de fièvre typhoïde; en 1888, dans l'eau du canal du Danube à Vienne, et enfin dans une eau de citerne envoyée de Bosnie (4).

De leur côté, les expérimentateurs se sont mis à l'œuvre : Bagenoff avait déjà annoncé que le bacille de la fièvre typhoïde peut se conserver et même se multiplier dans l'eau. Comme

---

(1) BROUARDEL, *Sur une épidémie de fièvre typhoïde ayant régné en août et septembre* 1886 (*Comptes rendus de l'Académie des sciences*, 13 décembre 1886).

(2) CHANTEMESSE ET WIDAL, *le Bacille typhique* (*Bull. de la Société médicale des hôpitaux*, 25 février 1887).

(3) CORNIL, *l'Eau de rivière et la fièvre typhoïde à Paris* (*Bull. de la Soc. médicale des hôpitaux*, 24 février 1887).

THOINOT, *Sur la présence du bacille typhique dans l'eau de la Seine à Ivry* (*Bull. de l'Acad. de méd.*, 5 avril 1887, et *Semaine médicale*, 6 avril 1887).

(4) KOWALSKI, *Ueber bacteriologische Wasseruntersuchungen* (*Wiener med. Wochensch.*, 1888, nos 10-16).

nous le verrons plus loin, le travail de MM. Wolffhügel et Riedel, paru en 1885, démontra que le bacille qui nous occupe peut conserver pendant des semaines, dans l'eau stérilisée, ses facultés de développement. M. Meade Bolton obtint des résultats contradictoires ; il déclara que les bactéries pathogènes mises dans l'eau stérilisée n'offrent jamais de multiplication, *elles y subissent une diminution progressive allant jusqu'à la disparition totale.*

M. Kraus (1) (de Munich) fit porter ses investigations sur l'eau non stérilisée et, dans le but de se rapprocher le plus possible des conditions ordinaires, il maintint cette eau ensemencée avec le bacille d'Eberth, à une température relativement basse de 10 degrés et demi. Il put constater qu'au bout de six jours il ne restait plus de bacilles typhiques dans l'eau en expérience.

Enfin M. Macé (2) avait trouvé dans l'eau d'un puits de Sézanne un microcoque dont les caractères rappelaient beaucoup ceux du *micrococcus pyogenes aureus.*

Tels sont les principaux microbes pathogènes dont on a pu jusqu'ici constater la présence dans les eaux potables.

Voyons maintenant les différentes méthodes au moyen desquelles on peut procéder à l'analyse bactériologique des eaux, en faisant ressortir les avantages et les inconvénients de chacune d'elles, afin de pouvoir ensuite choisir celle qui nous paraît préférable. Quelques mots auparavant sur le prélèvement du liquide.

Du prélèvement de l'eau.

Pour puiser l'eau, on se servait autrefois de ballons effilés en pointe que l'on portait au préalable à une température de 200° à 300° et qu'on scellait à cette température. Ces ballons,

---

(1) KRAUS, *Ueber das verhalten pathogener Bacterien in Trinkwasser* (in *Arch. f. Hygiene,* 1887, t. VI, p. 234).
(2) MACÉ, *Annales d'hygiène,* 1887, p. 354.

vides d'air, se remplissaient aux deux tiers, quand on en brisait la pointe au sein de l'eau à examiner.

Ces récipients sont fragiles et d'un maniement assez délicat, aussi M. Miquel conseille-t-il de prendre des flacons ordinaires que l'on a bouchés avec de la ouate. Après leur stérilisation, on remplace celle-ci par un bouchon de liège dont on a flambé la surface, puis on les enveloppe de papier fort et on les stérilise une seconde fois. L'enveloppe en est cachetée à la cire, on ne la déchire qu'au moment du prélèvement du liquide.

Quel que soit le récipient dont on fait usage, il faut dans tous les cas éviter de soulever le sable, si on puise l'eau dans un ruisseau et la laisser couler pendant dix minutes quand on la prend au robinet afin de lui donner le temps, dans ce dernier cas, d'entraîner les micro-organismes qui pourraient se trouver dans les conduits.

Ce qu'il faut ensuite éviter à tout prix, si l'examen ne peut être pratiqué immédiatement, c'est l'élévation de la température et autant que possible on entourera le flacon de glace.

En effet, les expériences de M. Miquel prouvent qu'il suffit d'une élévation de $2°,8$ et d'une heure d'attente, pour en quintupler le nombre des bactéries.

1° *Examen immédiat.* — Ce procédé vient d'être remis en pratique par M. Cahen qui lui donne la préférence sur tous les autres. Sur une lamelle flambée, il dispose une goutte d'eau qu'il recouvre d'une deuxième lamelle flambée et l'examine ensuite au microscope à un grossissement de 700 diamètres. M. Cahen prétend arriver facilement, par ce procédé, à reconnaître toutes les impuretés qu'on rencontre dans l'eau et surtout les microbes, grâce aux mouvements dont ils sont animés.

L'auteur peut certainement avoir vu par cette méthode des bactéries aquatiles, mais il aura vu à coup sûr moins facilement les microcoques et surtout les germes, de sorte que ce

____

(1) *Thèse de Nancy*, 1885. *Les eaux de Nancy.*

procédé ne saurait être suffisant pour une analyse bactério-logique de quelque importance. Nous l'avons, pour notre part, mis en usage à plusieurs reprises et il nous a toujours donné de fort médiocres résultats.

2° *Examen après dessiccation de Koch.* — M. Koch met une goutte d'eau sur une lamelle et la chauffe, puis il colore le résidu avec une solution de bleu de méthylène, décolore par l'alcool et monte la préparation dans le baume du Canada. Il est extrêmement difficile de distinguer ainsi les microbes au milieu des cristaux résultant de l'évaporation et il nous a toujours paru impossible de déterminer même approximati-vement par ce procédé, le nombre des bactéries contenues dans une goutte d'eau. Du reste, y fussions-nous arrivé, que les germes nous auraient fatalement échappé, de sorte que cette méthode de Koch si simple et qui donne de si parfaits résul-tats, quand il s'agit des autres recherches bactériologiques, est, dans le cas présent, tout à fait insuffisante et doit sans con-tredit céder le pas aux procédés de culture dont nous parle-rons plus loin.

Elle est cependant bonne pour les examens extemporanés de l'eau, pour voir, superficiellement, si elle renferme des microbes en grande abondance.

3° *Procédé de M. Certes* (1). — On verse dans un tube à essai 30 centimètres cubes d'eau; avec une baguette de verre on y introduit une goutte d'une solution d'acide osmique à 1,5 p. 100 d'eau distillée très pure. Cet acide tue immédiate-ment tous les organismes, qui peu à peu se précipitent au fond du vase. On décante 24 heures après les parties supérieures du liquide. Il ne reste plus qu'à examiner les microbes restés au fond du tube et que l'acide osmique a colorés en noir.

Ce procédé, qui entre les mains de son auteur a donné de bons résultats, ne nous paraît cependant pas à l'abri de tout reproche.

(1) CERTES, *Analyse micrographique des eaux* (*Association pour l'avancement des sciences, Congrès de la Rochelle* en 1882, pp. 777-795).

L'acide osmique précipite en effet sous la forme d'une poussière noire des particules minérales et des substances organiques inertes, qu'il est souvent impossible de distinguer des micro-organismes.

En outre, les bactéries se trouvent fixées et partant elles perdent leurs mouvements, ce qui les rend plus difficiles à distinguer des autres substances.

Enfin, comme dans les procédés précédents, les spores nous échappent par ce moyen d'investigation.

Comme on le voit, les procédés que nous venons de passer en revue sont extrêmement simples, mais ils ne sauraient servir à faire une analyse sérieuse des eaux, d'abord parce qu'ils présentent trop de causes d'erreur, et surtout parce qu'ils ne permettent pas de dévoiler la présence des spores. Ceux que nous allons maintenant examiner reposent sur les propriétés que possèdent les infiniment petits, de se développer et de proliférer dans des milieux nutritifs liquides ou solides.

Procédés de culture.

A. — CULTURES SUR MILIEUX LIQUIDES

Déjà en 1871 le docteur Burdon Sanderson (1) avait fait quelques expériences avec divers liquides et notamment avec le liquide de M. Pasteur (tartrate d'ammoniaque, sucre, cendres de levure), expériences qui établissaient la présence de bactéries dans les eaux de Londres.

Mais c'est à MM. Pasteur et Joubert que revient l'honneur d'avoir en 1878 préconisé dans ce but spécial, le procédé de culture en milieux liquides.

Ces savants purent, en semant une ou plusieurs gouttes

(1) PASTEUR : *Comptes rendus de l'Académie des sciences*, LXXXIV, p. 208.

d'eau dans du bouillon nutritif, arriver déjà à cette époque aux conclusions suivantes :

1° Les germes des bactéries sont si nombreux dans certaines eaux, l'eau de rivière par exemple, qu'une goutte en est toujours féconde et donne lieu au développement de plusieurs espèces de bactéries.

2° Les eaux distillées de nos laboratoires renferment toujours des germes, quoique en moins grand nombre que les eaux ordinaires.

3° Les eaux distillées, dans des vases absolument privés de germes, sont d'une pureté parfaite.

4° Les eaux prises dans les sources mêmes au moment où elles sortent de l'intérieur de la terre ne renferment pas de bactéries.

MM. Pasteur et Joubert savaient donc déjà en 1878 que les eaux sont inégalement riches en microbes ; ils avaient pour le démontrer trouvé le vrai, le seul procédé, celui des cultures.

Depuis cette époque on a fait subir aux méthodes d'analyse différentes modifications.

Dès 1879, M. Miquel (1) mettait en usage le procédé que nous allons décrire et qui dérive de celui de M. Pasteur.

1° *Procédé de Miquel*. — La méthode *du fractionnement dans le bouillon* comporte deux opérations : la dilution et la distribution de l'eau diluée.

La dilution se fait de la manière suivante : un centimètre cube de l'eau à examiner est introduit dans 999 grammes d'eau distillée stérilisée. Après agitation, deux centimètres cubes de cette dilution à $^1/_{1000}$ sont introduits dans un petit flacon contenant 8 centimètres cubes d'eau stérilisée : on obtient ainsi une dilution à $^1/_{5000}$.

Avec une pipette jaugée (25 gouttes au gramme) on distribue cette dilution dans des flacons de Freundenreich à moi-

____

(1) Miquel, *Analyse micrographique des eaux* (*Annuaire de l'Observatoire de Montsouris*, 1880).

tié pleins de bouillon de bœuf stérilisé ; 18 de ces flacons reçoivent chacun une goutte et 18 autres deux gouttes de cette dilution.

Une expérience identique et de contrôle est pratiquée immédiatement avec de l'eau diluée à un titre deux fois plus élevé.

Les 72 ballons sont placés à l'étuve à 30°-35° pendant 15 jours.

On compte à cette époque les flacons qui se sont altérés. Supposons par exemple qu'ils soient au nombre de 8 pour ceux qui renferment la dilution à $1/_{5000}$, sachant que 54 gouttes de cette dilution renferment 8 bactéries, rien n'est plus facile que d'en déduire le nombre contenu dans 1 centimètre cube d'eau naturelle. L'auteur obtient la richesse en microbes de l'eau examinée, en prenant la moyenne des résultats fournis par les deux expériences.

Cette méthode a donné à M. Miquel des résultats excellents. On lui a reproché de nécessiter un matériel spécial, de vastes étuves, une installation onéreuse, mais ces considérations d'ordre économique doivent s'effacer devant l'exactitude du procédé.

Il présente cependant, à notre avis, un inconvénient plus grave : c'est la difficulté de l'épreuve préparatoire, qui consiste à obtenir une dilution assez étendue pour constater seulement l'altération de 20 à 25 ballons sur 100.

Ce n'est qu'à force d'habitude et à l'aide des plus minutieuses précautions que l'on obtient ce résultat. Il arrive souvent en effet que le plus grand nombre des conserves se trouble et l'on est obligé de recommencer l'expérience : de là une grande perte de temps. Ces considérations nous paraissent devoir faire reculer bon nombre d'expérimentateurs, qui préféreront employer des méthodes bien moins exactes, mais beaucoup plus rapides.

En outre, M. Meade Bolton prétend que les gouttes de l'eau diluée, distribuées dans les conserves, renferment des chiffres de bactéries souvent élevés; ce dont il a pu se convaincre par la méthode des plaques. De son côté, M. Miquel a repris les expériences et il soutient qu'une goutte d'eau diluée, de façon à produire 15 à 25 cas d'altération pour 100 conserves ensemencées, renferme très rarement plusieurs germes de bactéries. Nous avons aussi fait la même constatation que M. Meade Bolton : parfois en effet une goutte d'eau renfermait plusieurs germes, d'autres fois cependant elle n'en contenait qu'un seul. Ces différences dans les résultats peuvent tenir, croyons-nous, à ce que l'eau naturelle s'est inégalement répartie dans la masse de l'eau distillée qui a servi à faire la dilution.

Il est enfin un dernier reproche que l'on peut faire au procédé de M. Miquel : le nombre des germes déterminé fournit un facteur trop faible, eu égard à l'extrême dilution des liquides et comme l'on est obligé de le multiplier par un chiffre considérable pour avoir le nombre de bactéries contenues dans un volume donné d'eau, l'erreur, si elle existe, se trouve multipliée par ce chiffre.

La méthode de MM. Fol et Dunant n'est qu'une modification de celle de M. Miquel, c'est encore un procédé de culture en milieu liquide.

2° *Procédé de H. Fol et P.-L. Dunant.* — Au lieu de faire une dilution de l'eau à examiner dans une grande quantité d'eau stérilisée, MM. Fol et Dunant mélangent directement l'eau impure avec le bouillon stérilisé et répartissent le liquide obtenu dans des ballons stérilisés à sec.

Afin de se mettre à l'abri de l'ensemencement involontaire pendant les transvasements, ils opèrent de la façon suivante (1).

« Un tube de verre aminci à ses deux extrémités, munies chacune d'un tube de caoutchouc, est gradué en dixièmes de centimètre cube de façon que le 0 de la graduation corresponde à sa partie supérieure, et le 100 à sa partie inférieure.

(1) *Archives des sciences physiques et naturelles de Genève*, juin 1884, p. 557, et *Revue d'hygiène*, 1884, p. 925.

On commence par lui faire subir une première stérilisation à l'étuve en bouchant les extrémités avec un tampon d'amiante, puis on l'adapte à une tubulure en siphon traversant la paroi supérieure d'une marmite de Papin et l'on y fait passer pendant une demi-heure environ un courant de vapeur d'eau à 110°.

On place alors une pince sur le caoutchouc inférieur dont l'orifice béant est bouché par une baguette de verre flambée, on ferme de même l'orifice supérieur et la burette peut être considérée comme stérilisée.

Lorsqu'elle est refroidie, on remplace la baguette de verre supérieure par un tube de verre bourré d'amiante et la baguette inférieure par une canule-trocart soigneusement flambée, que l'on enfonce à travers le bouchon de ouate dans un ballon de conserve. Ouvrant alors la pince inférieure, on voit le liquide monter dans la burette, grâce au vide produit par la condensation de la vapeur d'eau emprisonnée dans le tube, qui ne tarde pas à être rempli jusqu'en haut; puis on ouvre les deux pinces pour laisser descendre le bouillon jusqu'à la marque voulue (généralement à 2 dixièmes au-dessus du 0).

Pour introduire l'eau à essayer, on fait passer la partie effilée du tube de récolte par le canal du caoutchouc supérieur, après avoir adapté à l'orifice supérieur de ce tube un capuchon de caoutchouc semblable à ceux des petites pipettes de micrographe. Il est alors très facile de ne laisser tomber que la quantité d'eau voulue (2 dixièmes de centimètre cube).

Après avoir refermé les caoutchoucs, on agite consciencieusement les liquides; il est bien facile ensuite de répartir ce mélange dans de petits ballons d'expérience, fermés au moyen d'un double tampon de ouate et d'amiante et stérilisés pendant plusieurs heures à 160 degrés.

On garde ces ballons pendant quatre semaines à la température de 30 à 35 degrés et on les; les troubles se produisent pendant les premiers jours, et il est rare qu'ils apparaissent après le quinzième.

Cette méthode nécessite, comme on le voit, des appareils spéciaux et des manipulations assez délicates pour qu'elle puisse passer dans le domaine de la pratique.

En résumé, les procédés de culture dans du bouillon, que nous devons à M. Pasteur, et mis en pratique par MM. Miquel, Fol et Dunant, peuvent et doivent entre des mains expérimentées donner d'excellents résultats. Ils permettent aux bactéries de se développer après 10, 15 et 20 jours, ce que l'on ne saurait obtenir par les méthodes qu'il nous reste à étudier; M. Miquel a prouvé en effet que, même après ce laps de temps, des tubes se troublaient : malheureusement elles nécessitent des appareils spéciaux et une perte de temps considérable.

B. — CULTURES SUR MILIÉUX SOLIDES

1. *Cultures sur plaques (méthode de Koch)*. — La gélatine liquéfiée à une douce chaleur 30°-35° reçoit avec une pipette graduée un volume connu de l'eau à examiner. On mélange les deux liquides en agitant doucement le tube, de façon à éviter la formation de bulles d'air, et l'on verse le tout sur des plaques de verre stérilisées où la solidification ne tarde pas à se produire. Ces plaques sont ensuite placées dans une chambre humide, ce qui prévient leur dessiccation. Au bout de quatre à six jours, on compte à l'œil nu, à la loupe ou au microscope à un faible grossissement, le nombre des colonies visibles.

Sans doute, ce procédé est loin d'être parfait. D'abord au-dessus de 20° centigrades, la gélatine se fluidifie et l'usage des plaques devient difficile en été. En outre, toutes les espèces qui n'entrent pas en végétation à cette température asseront inaperçues. Guning pense aussi que certains microbes ne poussent pas sur la gélatine, parce qu'à la surface de celle-ci il se forme une couche sèche, véritable membrane empêchant l'oxygène d'arriver jusque dans les couches profondes; mais cet inconvénient disparaît quand la plaque est maintenue dans l'humidité et les aérobies les plus difficiles arrivent fort bien à se développer dans toutes les couches de la gélatine (Liborius).

On a prétendu aussi que les colonies peuvent avoir été formées non par un germe, mais par une réunion de germes. Aussi, au lieu de dire : 1 centimètre cube d'eau renferme tant de germes, peut-être serait-il plus exact de dire qu'il renferme tant de colonies.

Mais l'inconvénient le plus grave des plaques de gélatine consiste dans la liquéfaction prématurée de ce milieu nutritif. Au bout de cinq à six jours en effet, dans nos expériences, les colonies liquéfiantes se sont étendues et multipliées, de sorte que la gélatine s'est transformée en un magma qui rend la plaque absolument indéchiffrable. Mais à côté de ces plaques ainsi liquefiées au bout de quelques jours, nous en avions d'autres qui se conservaient pendant huit à dix jours et l'on pouvait encore y compter le nombre des colonies. Il suffit donc, pour obvier à cet inconvénient, de faire un grand nombre de plaques, et de prendre la moyenne, pour avoir approximativement le nombre de microbes contenus dans un volume donné d'eau.

A côté de ces inconvénients, la méthode de Koch présente d'immenses avantages. D'abord elle est d'une simplicité qui la met à la portée de tous les expérimentateurs ; en second lieu, elle donne, dans l'espace de quelques jours, des résultats qui, dans les procédés de M. Miquel, de MM. Fol et Dunant, se font attendre pendant trois semaines ; enfin elle permet d'observer directement les caractères des colonies et de distinguer déjà à l'œil nu, ou du moins à un faible grossissement, la présence ou l'absence des microbes pathogènes, ce qui à notre point de vue est absolument capital.

2. *Procédé de Malapert-Neuville* (1). — M. Malapert-Neuville a légèrement modifié le procédé de M. Koch. Dans le but d'obtenir toutes les colonies contenues dans un échantillon d'eau, il opère de la façon suivante : il verse la gélatine en promenant circulairement le tube sur une plaque quadrillée et dépose au centre du cercle ainsi formé un volume connu de l'eau à examiner, puis à l'aide d'un fil de platine il opère le mélange de la gélatine et de l'eau.

Malheureusement, le mélange obtenu ainsi est toujours insuffisant; en outre, pendant l'opération, les germes de l'air peuvent tomber sur la gélatine; il vaut mieux, en somme, s'en tenir au procédé de Koch et effectuer comme lui le mélange dans l'intérieur du tube à essai.

3. *Procédé du docteur Angus Smith.* — Cette méthode a été reprise par M. Ch. Girard (2) dans ses expériences au laboratoire municipal de Paris : il dissout 1000 grammes d'eau, 40 grammes de gélatine et 2 centigrammes de phosphate de soude, filtre et stérilise à 115 degrés. La gélatine une fois obtenue, il en introduit 10 centimètres cubes dans une fiole conique à fond plat et quadrillé et porte le tout à 115 degrés. Le bouchon qui ferme la fiole est percé de deux trous dont l'un est traversé par un tube bourré de coton, l'autre par une petite burette à entonnoir permettant d'introduire l'eau à essayer.

On y laisse tomber donc, sans déboucher la fiole, 1 centimètre cube de l'eau à examiner préalablement diluée dans un litre d'eau stérilisée et l'on place le flacon dans une étuve à 24 ou 25 degrés. Au bout de trois jours, on compte le nombre de colonies qui se sont développées dans chaque carré du quadrillage et on fait la somme.

Ce procédé a l'inconvénient d'exiger un matériel spécial et nous donnons la préférence à celui de M. Koch, qui néces-

---

(1) MALAPERT-NEUVILLE, *Examen bactériologique des eaux* (*Annales d'hygiène*, 1887).

(2) *Revue d'hygiène*, 1883, p. 778, et *ibid.*, 1885, p. 391.

site pour tout outillage une pipette graduée en dixièmes de centimètre cube.

4. *Procédé de Koch modifié par le professeur Proust* (1). — La gélatine est introduite à la dose de 10 centimètres cubes dans des tubes à essais munis de bouchons de liège percés d'un trou, dans lequel on engage un tube de verre de 3 centimètres de longueur, contenant un peu de coton. On les place verticalement pour les stériliser dans de l'eau à 100 degrés pendant vingt-cinq minutes. Dans chaque tube, on introduit, après avoir liquéfié la gélatine, un dixième de centimètre cube de l'eau à examiner et on agite lentement pendant deux ou trois minutes. On prend un dixième de centimètre cube de la gélatine ensemencée et on la fait couler sur une lamelle de verre quadrillée en carrés de 2 millimètres de côté. La gélatine doit former un rectangle de 2 centimètres de long sur 1 centimètre de large. Cette lamelle est placée sous la cloche dans une chambre humide et maintenue à une température de 15 à 20 degrés. Il ne reste plus qu'à compter les colonies au bout de 60 heures : en multipliant leur nombre par 1000, on aura le nombre des colonies contenues dans 1 centimètre cube d'eau.

Les tubes qui ont servi à faire les cultures seront examinés toutes les 24 heures. On constatera ainsi que, pour une eau très pure, la liquéfaction de la gélatine commence du dixième au douzième jour, pour une eau pure le huitième jour, pour une eau mauvaise le quatrième jour, pour une eau infecte du deuxième au troisième jour.

Dans la méthode des plaques sur gélatine, une partie des opérations se faisant au contact de l'air libre, les germes de l'atmosphère peuvent tomber sur la gélatine et s'y développer.

5. *Procédé d'Esmarch.* — Pour obvier à cet inconvénient, M. Esmarch propose d'opérer sur très peu d'eau et sur très peu de gélatine ; le mélange est effectué au fond d'un tube à

_____

(1) *Revue d'hygiène*, 1884, p. 915.

culture, on plonge ensuite ce dernier dans l'eau froide en le tenant presque horizontal ; on le roule, et la gélatine se dépose en mince couche sur ses parois. On compte les colonies par la face interne après avoir divisé le tube en deux suivant son grand axe. Les colonies situées sur les cassures ne peuvent pas être comptées et en outre, la gélatine n'étant pas uniformément répartie, un certain nombre pourront y être superposées (Arloing).

6° *Procédé d'Arloing.* — Dans le but de disperser régulièrement sur la gélatine tous les microbes d'un volume donné d'eau et pour éviter et au besoin reconnaître les germes qui pourraient venir de l'atmosphère, M. Arloing se sert d'un appareil qu'il appelle l'*analyseur bactériologique.*

Il consiste en une boîte rectangulaire en cuivre recouverte de deux lames de verre mobiles et au fond de laquelle se trouve une plaque de verre divisée par des traits en 60 carrés égaux de 1 centimètre de côté.

Cette plaque sur laquelle est la gélatine est mue par un pignon, de telle sorte que l'on peut amener à coup sûr le centre de chaque carré juste en face de la pipette fixée verticalement au-dessus de la boîte et pénétrant par son extrémité effilée entre les deux plaques de verre rabattues qui en forment la paroi supérieure.

La plaque est ensuite portée à l'étuve, l'eau s'évapore et les colonies se développent exactement sur le milieu des carrés. Ce caractère topographique permet de reconnaître les germes de l'eau de ceux qui seraient tombés de l'atmosphère. Il y a en effet de grandes chances pour que ces derniers ne se superposent pas à ceux de l'eau juste au centre de figure des carrés.

En un mot, ce procédé répartit uniformément l'eau, évite la fusion des colonies et diminue le nombre des intermédiaires au contact desquels le liquide est exposé à gagner des germes, enfin il permet de reconnaître par la position des colonies les germes qui proviennent de l'air.

7. *Procédé mixte de M. Miquel.* — La plus grande diffi- culté de la méthode du fractionnement dans le bouillon réside dans l'appréciation du titre auquel il faut diluer l'eau, pour ne produire que 15 à 20 cas d'altération sur 100 conserves mises en expérience.

En remplaçant le bouillon des conserves par la gélatine, chaque vase peut, sans compromettre la numération, présenter une ou deux colonies après 15 à 20 jours d'incubation ; en un mot, toutes les conserves peuvent s'altérer, et le calcul de l'analyse ne rien perdre de sa rigueur.

La dilution de l'eau se fait comme pour la méthode du fractionnement dans le bouillon ; on la répartit dans des flacons qui, au lieu de contenir du bouillon nutritif, renferment de la gélatine que l'on vient de fondre à 30-35 degrés.

En remplaçant la gélatine par de la gelée de lichen rendue nutritive, M. Miquel peut exposer ses cultures à 30-35 degrés pendant toute la durée des expériences, ce qui permet d'opérer dans des conditions semblables aux essais pratiqués avec du bouillon.

8. *Procédés approximatifs de Miquel.* — On trouvera, dans les annuaires de Montsouris parus en 1885 et 1886, des détails complets sur la préparation de la gelée de lichen et des papiers nutritifs que M. Miquel a employés pour l'analyse des poussières de l'air et des eaux.

La méthode d'analyse repose sur la faculté que possède cette gelée d'absorber promptement un volume d'eau considérable après qu'elle a été desséchée en lames minces sur une feuille de papier, ce qui la transforme en un milieu susceptible de laisser développer les bactéries.

L'analyse des eaux par ce papier nutritif est de la plus grande simplicité. Le papier, taillé en rectangle et muni d'un fil suspenseur en platine, est enveloppé de papier Joseph, introduit dans un autoclave et chauffé une heure à 110 degrés. Au moment de l'analyse, on le pend par son fil suspenseur en platine dans une éprouvette bouchée à l'émeri, on le tare et

on le plonge dans l'eau à doser; les couches nutritives gon-
flent rapidement et, au bout de cinq minutes, l'opération est
terminée. On pèse une seconde fois et l'on a le poids de l'eau
absorbée; puis on place le tout à l'étuve. Ce papier est ensuite
coloré au bleu d'indigo, après avoir été au préalable placé
pendant quelques minutes dans une solution aqueuse d'alun
cristallisé, puis dans l'eau ordinaire. Ce bain d'alun a insolubi-
lisé la gelée et agi comme mordant sur les surfaces à colorer.
Au contact de la liqueur sulfo-indigotique, les colonies et les
moisissures prennent une teinte plus foncée que la gelée. On
peut même, à l'aide d'une solution de permanganate de potasse à $^1/_{1000}$, décolorer la gélatine et l'on n'a plus qu'à compter
les colonies dont la couleur bleue tranche sur le fond blanc;
par la dessiccation, les couleurs acquièrent encore une plus
grande intensité.

C'est uniquement pour être complet que nous avons décrit
ce procédé, il exige des manipulations trop délicates pour être
à la portée de tous les chercheurs; en outre, il donne des résultats qui certainement sont inférieurs à ceux fournis par la
méthode de M. Koch.

D'après l'exposé des différents procédés d'analyse biologique des eaux, que nous venons de passer rapidement en
revue, nous voyons que ceux qui sont susceptibles de donner
de bons résultats, dérivent tous de deux méthodes fondamen-
tales : les cultures sur milieux liquides et les cultures sur
milieux solides. Dans le but d'établir celle à laquelle il fallait
donner la préférence, nous avons établi des expériences com-
paratives, prenant pour types d'une part la *méthode du fractionnement dans le bouillon* et de l'autre la méthode de cultures
sur plaques.

Exposé de nos expériences.

Exp. I. (Procédé de Miquel.) — Un centimètre cube d'eau de l'Ourcq,
prélevée au robinet du laboratoire, avec toutes les précautions mention-

nées plus haut, est mélangé à 1000 grammes d'eau distillée stérilisée ; on agite vigoureusement pendant quelques minutes. On introduit ensuite 2 centimètres cubes de cette dilution à 1/1000 dans un tube à essais, contenant 8 centimètres cubes d'eau distillée stérilisée, on obtient ainsi une dilution à 1/5000. Avec une pipette jaugée (25 gouttes au gramme) on laisse tomber une goutte de cette eau dans une conserve de bouillon et on ensemence de la même manière 18 tubes renfermant le liquide nutritif.

On introduit dans 18 autres conserves deux gouttes de la même dilution et on place les 36 tubes dans une étuve à 35 degrés.

Après huit jours d'incubation à cette température, 25 conserves se sont déjà troublées ; nous en concluons que la dilution n'était pas assez étendue, puisque 15 à 20 seulement auraient dû s'altérer pour que l'expérience eût été valable.

Force nous était donc de recommencer, après avoir vainement attendu pendant huit jours et perdu 36 conserves de bouillon.

Exp. II. (Procédé de Koch.) — L'eau de l'Ourcq, puisée dans les mêmes circonstances, est introduite à l'aide d'une pipette jaugée (25 gouttes au gramme) à la dose d'une goutte, dans un tube de gélatine préalablement liquéfiée, que l'on verse, après agitation, sur une plaque de verre suivant la méthode de M. Koch. On confectionne de la même manière cinq plaques. Deux plaques semblables sont faites avec de la gélatine non ensemencée, elles nous serviront de témoins et nous permettront plus tard de compter approximativement le nombre des colonies fournies par les germes de l'air tombés au moment de l'expérience.

Les tubes dans lesquels nous avons effectué le mélange de l'eau et de la gélatine sont roulés suivant le procédé d'Esmarck. Le tout est placé dans une chambre humide, dont la température est de 20 degrés.

Voici les résultats fournis par l'examen pratiqué le cinquième jour :

Sur la première plaque et le tube correspondant, on compte 50 colonies.

Sur la deuxième et le tube roulé, leur nombre est de 60.

Sur la troisième plaque et son tube il s'élève à 52.

Les deux autres sont fluidifiées et indéchiffrables.

On compte 16 colonies sur chacune des deux plaques qui ont servi de témoin.

Il était de la plus grande simplicité de calculer qu'en moyenne un centimètre cube de l'eau examinée renfermait **950** bactéries.

Exp. III. (Procédé de Miquel.) — De l'eau de l'Ourcq est diluée à 1/1000 et distribuée à la dose d'une goutte dans 18 conserves de bouillon et à la dose de deux gouttes dans 18 autres conserves.

Après avoir séjourné pendant huit jours à l'étuve à 35 degrés, 20 d'entre elles se sont déjà troublées, ce chiffre est beaucoup trop fort, et encore une fois, l'expérience est à recommencer.

Exp. IV. (Procédé de Koch.) — Le même jour nous confectionnons avec l'eau de l'Ourcq, puisée dans des circonstances absolument semblables, une série de 10 plaques de gélatine, suivant la méthode de Koch.

La numération des colonies est possible cinq jours après sur six plaques non fluidifiées, elle nous apprend que leur nombre est de **700** environ par centimètre cube.

Exp. V. (Procédé de Miquel.) — De l'eau de l'Ourcq fut diluée 1/5000 et ensemencée à la dose d'une goutte dans 18 conserves de bouillon, à la dose de deux gouttes dans 18 autres conserves.

Au bout de trois semaines de séjour à l'étuve à 35 degrés, cinq de nos tubes s'étant troublés, il était facile d'en conclure que l'eau examinée contenait 11 550 bactéries par centimètre cube.

Exp. VI. — De l'eau de la Vanne diluée à 1/100 et analysée par le procédé de Miquel donnait un chiffre de 600 bactéries par centimètre cube. La même eau, analysée par la méthode sur plaques de Koch, accusait seulement 320 colonies au bout de six jours.

Exp. VII. — De l'eau de la Vanne analysée par la méthode *du fractionnement dans le bouillon* et diluée à 1/50, accusait après trois semaines d'incubation à l'étuve à 35 degrés 340 colonies, alors que la même eau examinée par le procédé de M. Koch en accusait à peine 110 ; la plaque de gélatine était liquéfiée le dixième jour.

Le tableau suivant fera encore mieux ressortir les résultats fournis par chacun des deux procédés :

Eau de la Vanne.	Nombre des bactéries par centimètre cube décelées par le procédé	
	des plaques.	du bouillon.
Exp. VII.	70	200
— VIII.	125	150
— IX.	350	358
— X.	220	310
— XI.	290	402

En somme, nos résultats concordent avec ceux de M. Miquel. Cinq cents analyses d'eau faites comparativement par les deux méthodes ont permis à cet habile expérimentateur de trouver toujours un nombre de bactéries plus grand par son procédé que par celui de M. Koch.

Nous dirons donc que quand on peut par le tâtonnement arriver au degré de dilution voulu, la méthode de M. Miquel donne des résultats plus rigoureux que la méthode sur plaques. Malheureusement elle exige une grande habitude, des précautions infinies et une installation onéreuse.

La méthode de M. Koch est d'une exécution extrèmement facile qui la met à la portée de tous les expérimentateurs; elle donne des résultats rapides, puisqu'il suffit de quelques jours pour faire l'analyse biologique d'une eau donnée : ses résultats, il est vrai, ne sont qu'approximatifs, mais ils sont en somme suffisants au point de vue pratique.

CHAPITRE II

DURÉE DE LA VIE D'UN CERTAIN NOMBRE DE MICROBES PATHOGÈNES DANS L'EAU STÉRILISÉE (1)

Historique.

La façon dont se comportent certains microbes quand on les laisse séjourner plus ou moins longtemps dans l'eau, leur multiplication ou leur décroissance numérique, la durée de leur vie et de leur végétabilité dans ce milieu, l'influence que paraissent exercer sur ces phénomènes la composition chimique de l'eau, la température, etc., ont déjà été l'objet d'investigations assez nombreuses.

Des recherches systématiques récentes ont été publiées dans ces derniers temps sur ce point par M. Meade Bolton (2), d'une part, et par MM. Wolffhügel et Riedel (3), de l'autre.

Les résultats contradictoires de ces expérimentateurs nous ont donné l'idée de reprendre ces recherches tout en les étendant à d'autres microbes.

---

(1) Ces recherches ont été faites en commun avec mon maître M. le professeur Straus et publiées en partie dans le premier fascicule des *Archives de pathologie expérimentale et d'anatomie pathologique.*

(2) *Ueber das verhalten verschiedener Bacterienarten im Trinkwasser* (*Zeitschr. f. Hygiene*, t. I, 1886, p. 76).

(3) WOLFFHÜGEL et RIEDEL, *Arbeiten aus dem Kaiserlichen Gesundheitsamte*, 1886, p. 455.

Le travail de Meade Bolton, fait à Gœttingue au laboratoire et sous la direction du professeur Flügge, a eu surtout pour but d'établir ce qui advient de certains microbes communs (non pathogènes) contenus dans des eaux potables diverses (eaux de source, eaux de puits, eaux de rivière), quand on les laisse séjourner pendant un laps de temps variable à une température de 20 à 22 degrés, température appropriée à leur vie et à leur multiplication. C'est une contribution extrêmement intéressante à l'étude de certaines particularités biologiques propres aux *bactéries aquatiles*. M. Cramer (1), le premier, dans un excellent travail sur les eaux de Zurich, avait déjà mis en lumière que certaines bactéries aquatiles jouissaient de la propriété de se multiplier dans l'eau. Leone (2), dans ses études sur les eaux de Munich, était arrivé aux mêmes conclusions. Meade Bolton reprit ces expériences et établit définitivement que, dans une eau potable quelconque, les bactéries subissent dans les premiers temps de leur séjour une augmentation numérique considérable, suivie d'une longue décroissance du sixième au dixième jour. L'auteur a isolé un certain nombre de ces bactéries aquatiles qu'il a prises comme types. Il les a cultivées à l'état de pureté et semées dans des échantillons préalablement stérilisés d'eau de puits, d'eau de source, d'eau de rivière plus ou moins riches en matières organiques et inorganiques et enfin dans de l'eau distillée également stérilisée. Par des ensemencements successifs dans de la gélatine nutritive et par des numérations faites à l'aide de cultures sur plaques très nombreuses, il a pu établir que dans ces eaux de provenances diverses, les microbes aquatiles se multiplient avec une grande facilité pourvu que la température soit appropriée. L'auteur a mis ainsi en évidence ce fait très intéressant au point de vue de la physiologie générale des microbes, qu'un certain nombre de bactéries aquatiles sont susceptibles

(1) *Die Wasserversorgung von Zürich und ihr Zussamenhang mit der Typhus Epidemie von* 1884, Zurich, 1885.
(2) *Atti della R. accademia dei Lincei.* Série I, vol. IV, p. 726, 1885.

de vivre et de se multiplier dans de l'eau distillée absolument pure. C'est une preuve des exigences nutritives extrêmement restreintes de certains microbes. M. Meade Bolton a aussi étudié d'une façon plus sommaire ce qui se passe pour quelques microbes pathogènes quand on veut les cultiver dans l'eau. Ses recherches ont porté sur le *bacillus anthracis*, le *staphylococcus pyogenes aureus*, le *micrococeus tetragenus* et le *bacille typhique*.

En jetant un coup d'œil sur les tableaux qui accompagnent le mémoire de l'auteur, on constate que le *bacillus anthracis*, sans spores, semé dans l'eau de source stérilisée, était mort au bout de 6 *jours* environ, à la température de 20 degrés. Des tubes contenant de l'eau ensemencée avec des bactéridies charbonneuses furent conservés à 35 degrés. Ces dernières étaient déjà mortes au bout de 55 heures.

En revanche, les filaments sporulés de charbon semés soit dans de l'eau ordinaire, soit dans de l'eau distillée préalablement stérilisées y furent trouvés vivants et susceptibles de se développer après 90 *jours*.

Le *staphylococcus pyogenes aureus* meurt dans les mêmes conditions au bout de 20 à 30 jours; le *micrococcus tetragenus*, au bout de 4 à 6 jours, et plus rapidement encore si l'expérience est faite à 35 degrés.

A la température de 20 degrés, le *bacille typhique*, sans spores, cesse de vivre au bout de 20 jours dans les diverses eaux potables, ainsi que dans l'eau distillée. Muni de ses spores, il a été trouvé vivant au bout de trois semaines et d'un mois; l'expérience n'a pas été poussée plus loin.

En somme, ces recherches de M. Meade Bolton tendraient à établir que les « microbes pathogènes sont incapables de se multiplier dans l'eau et y périssent dans un temps relativement court, surtout les bacilles non munis de spores et les microcoques ». Il y aurait à cet égard une différence profonde entre les bactéries communes de l'eau et les microbes pathogènes; ceux-ci seraient caractérisés par des besoins nutritifs incomparablement plus grands, par leur impuissance à se multiplier et à vivre non seulement dans l'eau distillée, mais même dans des eaux très riches en matières organiques et inorganiques.

On devine les conséquences pratiques qu'il conviendrait de tirer de ces faits, quoique M. Meade Bolton ne les formule qu'avec une certaine timidité. Il faudrait en conclure que le mélange des microbes pathogènes avec les eaux d'alimentation, à moins de renouvellement incessant, ne saurait amener une contamination bien durable de ces eaux, surtout si l'on considère que ces microbes, non seulement se trouvent dans un milieu défavorable à leur multiplication, mais qu'ils ont en outre à lutter contre la concurrence des bactéries communes de l'eau. Cette dernière condition n'est nullement négligeable, elle n'entre pas en ligne de compte dans les expériences relatées plus haut, qui ont porté exclusivement sur des eaux préalablement stérilisées.

Le travail de MM. Wolffhügel et Riedel (1) a été publié à la même époque que le précédent. — En ce qui concerne les bactéries aquatiles, les expérimentateurs berlinois ont obtenu des résultats sensiblement comparables à ceux de M. Meade Bolton. Il n'en est pas de même pour ce qui est relatif aux microbes pathogènes dont trois seulement ont été étudiés à cet égard : le *bacille du charbon*, le *bacille de la fièvre typhoïde* et celui du *choléra*.

Le *bacillus anthracis* fut semé dans des échantillons préalablement stérilisés d'eau riche en matières organiques et inorganiques (ruisseau de la Panke, à Berlin), ou dans cette eau mélangée dans la proportion de 9 dixièmes avec de l'eau distillée. Les flacons furent maintenus les uns à la température de 35 degrés, les autres à la température de 16 degrés. On constata dès les premiers jours, par la méthode des ensemencements sur la gélatine et les cultures sur plaques, une abondante multiplication des bactéridies. L'expérience n'a pas été

(1) *Die Vermehrung der Bacterien im Wasser* (*Arbeiten des K. Gesundheitsamt.* Bd. I, 1886, p. 455).

prolongée au delà de 15 jours, elle n'a pas été faite non plus avec de l'eau distillée pure. Les bactéridies semées étaient prises sur une culture dont l'âge n'est pas indiqué, de sorte qu'il est impossible de savoir si ce ne sont pas des filaments sporulés qui ont été semés.

Le *bacille typhique* a été l'objet d'un plus grand nombre d'expériences. Semé dans de l'eau de la Panke stérilisée, même mélangée à de l'eau distillée (dans des proportions de 30 p. 100), ce bacille se multiplie abondamment à la température de 16 degrés et au-dessus ; la durée de la vie la plus longue a été de 21, 27 et 32 jours. Dans l'eau distillée, au contraire, on observa une décroissance graduelle du nombre des microbes ; dans un cas cependant, il s'en trouva encore de vivants au bout de 20 jours.

Le *bacille du choléra*, semé dans des échantillons stérilisés d'eau de rivière (Panke, Sprée), dans l'eau de puits et l'eau de source, présenta dans les premiers jours une diminution numérique très notable, puis le nombre augmenta rapidement. La vie du bacille-virgule dans ces eaux est très longue ; on en trouva un grand nombre susceptibles de végétation au bout de *sept mois*. Dans l'eau distillée, les bacilles du choléra moururent dès les premiers jours. Dans quelques cas, cependant, ils vivaient encore au bout de 33 jours (Nicati et Reitsch). On voit donc que les résultats obtenus par les expérimentateurs berlinois sont entièrement différents de ceux de M. Meade Bolton, que, contrairement à l'opinion de ce dernier, ils ont pu mettre en évidence la possibilité de la vie et de la multiplication d'un certain nombre de microbes pathogènes dans l'eau stérilisée, quelle que fût d'ailleurs sa composition chimique.

Exposé de nos expériences.

Le but que nous nous sommes proposé dans les recherches qui vont suivre, a été d'établir quelle est la durée maxima

de la vie des principaux microbes pathogènes dans des eaux
de différentes provenances préalablement stérilisées maintenues soit à une température de 20 degrés, soit à une température de 35 degrés centigrades. Ce côté de la question n'a
été visé que d'une façon, pour ainsi dire accessoire, par nos
prédécesseurs. En effet, ils se sont surtout appliqués à déterminer, par des numérations répétées, l'augmentation ou la
diminution des microbes semés dans l'eau et y séjournant pendant un temps déterminé. Pour atteindre ce but, à des épo-
ques plus ou moins éloignées du moment de l'ensemencement, ils prélevaient une certaine quantité de cette eau, la
semaient dans la gélatine nutritive, faisaient des cultures sur
plaques d'après la méthode de Koch, puis ils comptaient le
nombre des colonies qui se développaient. Comparant le chiffre
obtenu avec celui qu'ils avaient constaté au moment initial de
l'ensemencement dans l'eau, ils jugeaient de l'augmentation, de
la diminution ou de la disparition du microbe dans le liquide.

Ce procédé leur a donné des résultats très instructifs;
cependant, quand il s'agit de déterminer la durée maxima de
la vie d'un microbe dans l'eau, cette méthode est passible de
graves objections. La quantité d'eau mélangée à la gélatine
pour servir à la confection des plaques était toujours très
faible, elle ne dépassait guère quelques centièmes de centimètre cube. Quelque grand que puisse être le nombre des
plaques ainsi préparées, il ne saurait jamais être regardé
comme suffisant pour permettre d'affirmer la disparition
totale des microbes dans la masse d'eau relativement considérable qu'il s'agissait d'explorer (10 à 50 centimètres cubes).

La présence d'un petit nombre de microbes encore survi-
vants pouvait et devait fatalement échapper; l'ensemencement
de la totalité de l'eau du flacon aurait seul pu permettre de conclure à la disparition de tout microbe vivant dans ce récipient.

Cette objection capitale nous a forcé à employer un autre
procédé et la méthode des cultures sur plaques nous a paru
devoir céder le pas au procédé de culture sur les milieux

liquides pour déterminer à coup sûr la durée maxima de la vie des microbes pathogènes dans l'eau stérilisée. Voici du reste l'exposé de la méthode que nous avons employée pour arriver à ce résultat.

Nous nous sommes servi, comme récipients, le plus souvent de tubes à essai, qui grâce à leur petit volume occupaient peu de place dans les étuves; parfois cependant nous avons utilisé les petites fioles d'Erlenmeyer ou les ballons Pasteur, quand il s'agissait d'opérer sur des quantités d'eau plus considérables. Dans tous les cas, après les avoir rincés à plusieurs reprises à l'eau distillée bouillante, on les stérilisait au four, jusqu'à ce que la ouate qui leur servait de bouchon eût pris une coloration roussâtre.

Nous versions ensuite dans chacun de ces récipients 5 à 25 centimètres cubes d'eau. Nos expériences ont porté sur l'eau distillée, l'eau de l'Ourcq et celle de la Vanne.

La première était distillée à deux reprises différentes, la deuxième était puisée au robinet de l'ancien laboratoire de pathologie expérimentale de la Faculté de médecine, la troisième enfin était prise au robinet du nouveau laboratoire de l'École pratique.

Tantôt on les filtrait sur du papier afin de les débarrasser des matières solides qu'elles pouvaient renfermer, tantôt au contraire on les utilisait telles qu'on les avait puisées.

Le tableau ci-après (1) indique quelle est en moyenne la composition chimique des eaux de l'Ourcq et de la Vanne qui ont été l'objet de nos recherches.

Dans tous les cas, l'eau était ensuite stérilisée à l'autoclave à 120 degrés, pendant une demi-heure; nous étions ainsi absolument sûr d'avoir détruit toutes les bactéries banales qu'elle pouvait renfermer.

MM. Wolffhügel et Riedel s'étaient demandé si, pendant la stérilisation, la vapeur d'eau, s'insinuant à travers le bouchon

---

(1) Les analyses chimiques nous ont été communiquées par mon collègue et ami R. Wurtz. Elles ont été faites au laboratoire municipal.

de ouate, ne pouvait pas détacher et mêler au liquide des flacons des particules de coton ou quelques matières solubles qui auraient servi d'aliments aux microbes. Ils ont pu s'assurer en employant comparativement des bouchons de coton et des bouchons de verre que les résultats obtenus restaient sensiblement les mêmes. Nous avons voulu aussi, de notre côté, nous mettre à l'abri de cette objection. Dans ce but, nous avons bouché un certain nombre de flacons d'Erlenmeyer avec des bouchons de liège préalablement flambés, et nous avons constaté que la durée maxima de la vie des microbes dans ces récipients était absolument aussi longue que dans ceux qui étaient obturés avec des bouchons de coton. Il n'y avait pas non plus de différence, lorsque nous nous servions des ballons Pasteur : la quantité de ouate qui sert à les boucher est pour ainsi dire insignifiante et ne saurait être mélangée à l'eau pendant la stérilisation.

			DÉSIGNATION DE L'EAU.	
			Ourcq.	Vanne.
UN LITRE D'EAU RENFERME EN MILLIGRAMMES. DOSAGES FAITS.	Par l'hydrotimétrie.	Degré hydrotimétrique total.	35°5	22°
		Acide carbonique.	80	5
		Carbonate de chaux.	160	200
		Autres sels de chaux (calculés en sulfate).	14	21
		Sels de magnésie (calculés en sulfate).	137	6
	Par pesées.	Résidu sec à 150°.	0,450	0,265
		Perte au rouge (matières organiques ou volatiles).	0,150	0,055
	Par liqueurs titrées.	Matières organiques dosées au permanganate.	21,1	3,2
		Chlore (en chlorure de sodium).	31	17
		Oxygène dissous.	9,2	9,4

On procède ensuite à l'ensemencement de l'eau stérilisée. Dans ces expériences, il est un écueil qu'il fallait éviter à tout prix. Quand en effet on ensemence l'eau avec un microbe donné, on y introduit en même temps, de toute nécessité, des parcelles du milieu nutritif dans lequel on a pris le microbe, qu'il s'agisse du bouillon, de la gélatine, de la sérosité, du sang ou de tout autre milieu.

Pour peu que cette quantité de substance nutritive soit appréciable, on change la composition primitive de l'eau, ce qui est grave, surtout quand les recherches portent sur l'eau distillée, puisqu'on la transforme ainsi en une eau plus ou moins chargée de matières organiques ou inorganiques. On sait en effet qu'il suffit d'après les recherches de M. Meade Bolton, de 0^{gr},067 milligrammes par litre de matières nutritives pour permettre au bacille typhique de s'y développer, et de 0^{gr},400 milligrammes par litre pour que celui du choléra puisse y proliférer. Il était donc absolument indispensable de ne semer dans l'eau que des quantités de culture ou de produits pathologiques (sang, sérosité) absolument infinitésimales.

Aussi, au lieu de semer, comme on le fait communément, une anse de fil de platine chargée de culture, de sang, etc., nous ne prenions d'habitude que la pointe du fil de platine chargée de culture, pour procéder à l'ensemencement du liquide.

En outre, quand cela était possible, nous prélevions les cultures sur gélose ou sur pomme de terre, ce qui permettait de ne prendre que la culture elle-même développée en surface, presque sans mélange de substances nutritives. Grâce à ce procédé, on était assuré de ne transporter avec la semence que des quantités absolument négligeables de matières nutritives.

Lors du prélèvement, il y avait encore intérêt, croyons-nous, à ne semer que des quantités de culture extrêmement minimes pour une autre raison.

En effet, en transportant dans l'eau un nombre considérable de microbes, n'est-il pas permis de se demander si ceux d'entre eux qui viennent à succomber, ne peuvent pas servir d'aliment à ceux qui survivent?

L'eau stérilisée et ensemencée avec toutes les précautions que nous venons de prendre, était tantôt laissée à la température ambiante dans une armoire du laboratoire, tantôt au contraire placée à l'étuve à 25 degrés ou à 35 degrés. Elle séjournait ainsi pendant un temps déterminé.

Au bout de ce temps, à l'aide d'une pipette stérilisée, on introduisait dans le flacon 5 à 10 centimètres cubes de bouillon. Grâce à cette addition, l'eau se trouvait transformée en un milieu de culture propice au développement de la plupart des mcirobes. Les flacons étaient ensuite placés à l'étuve à 35 degrés. De cette façon, ne restât-il dans l'eau qu'un seul microbe survivant et susceptible de se multiplier, ce microbe aurait de grandes chances d'être décelé, et de donner naissance à une culture. Au bout de vingt-quatre à trente-six heures, en effet, on voyait le contenu du tube se troubler et trancher sur la transparence d'un tube voisin indemne de tout microbe.

L'examen microscopique permettait le plus souvent de reconnaître dans le liquide le microbe qu'on y avait semé.

Si le moindre doute subsistait dans notre esprit, la nature et la pureté de la culture étaient vérifiées par des cultures sur plaques, ou par des ensemencements de tubes de gélatine, de gélose, ou même sur la pomme de terre quand il s'agissait de la fièvre typhoïde ou de la morve par exemple.

Quand il a été question d'une bactérie telle que celle de la tuberculose ne poussant que peu ou mal dans le bouillon ordinaire, la méthode a dû nécessairement subir des modifications.

On a eu recours en effet alors à l'ensemencement de l'eau dans laquelle avait séjourné le bacille de Koch dans des tubes contenant soit du sérum sanguin, soit du bouillon glycériné suivant les procédés de MM. Nocard et Roux. Les tubes étaient ensuite placés à l'étuve à 38 degrés. Au bout de dix à quinze jours, on voyait apparaître dans le milieu liquide, après agitation, des granulations grisâtres ayant les dimensions d'une petite tête d'épingle. Ces granulations, colorées par la méthode d'Ehrlich, montraient en quantités très considérables les bacilles de Koch.

Pour plus de sûreté, on pêchait une de ces granulations et on l'ensemençait sur de l'agar glycériné. Après huit ou dix jours, on obtenait une culture de bacilles tuberculeux. Si l'on ne parvenait pas à saisir cette granulation à l'aide de l'anse de platine, on semait dans des tubes d'agar glycériné une quantité assez notable d'eau, le danger de laisser passer inaperçus quelques germes vivants disséminés dans l'eau était à peu près écarté.

Enfin, dans un grand nombre de cas, on a eu recours à l'inoculation aux animaux soit d'une partie ou de la totalité de l'eau dans laquelle les microbes avaient séjourné, soit d'une partie de la culture qui en émanait après l'addition du bouillon.

Avant de faire connaître les résultats de nos expériences, il est intéressant de rechercher ce que deviennent les microbes que nous avons ensemencés dans l'eau. Ils n'y occupent pas indifféremment les diverses couches du liquide; en effet, si nous laissons tomber dans du bouillon nutritif quelques gouttes de cette eau prise dans sa couche superficielle ou dans sa couche moyenne, elles n'y donnent lieu à aucun développement de micro-organismes. Il n'en est plus de même quand nous ensemençons ce bouillon avec l'eau prise dans la partie la plus déclive de l'un de nos tubes, il ne tarde pas en pareil cas à perdre sa transparence. En raison de leur propre poids, les microbes tombent donc au fond du récipient qui les renferme. Ce fait, qui paraît banal au premier abord, est de la plus haute importance au point de vue de l'hygiène. MM. Fol et Dunant avaient en effet annoncé qu'une eau chargée de germes peut s'en dépouiller, par un repos de quinze jours, dans les proportions de 95 pour 100, ils expliquaient ainsi pourquoi l'eau du lac de Genève prise au large est, de toutes les eaux de la ville, celle qui renferme le moins de microbes.

Des expériences analogues furent faites par MM. Chantemesse et Widal. Ils prenaient un grand flacon contenant une petite quantité de sable et le remplissaient d'eau. Ils le stérilisaient ensuite et l'ensemençaient avec du bacille typhique. Au bout de deux mois, l'eau paraissait ne plus contenir de germes spécifiques. Ils décantèrent alors doucement le liquide et le remplacèrent par de l'eau ordinaire; dès le lendemain, celle-ci était chargée de bacilles typhiques. Tout récemment encore, l'épidémie de fièvre typhoïde de la caserne de la Nouvelle-France (1) débutait après le curage d'un réservoir.

Lors de l'épidémie de Clermont, une petite fille fut atteinte de fièvre typhoïde après avoir bu l'eau d'un réservoir qui n'avait pas été nettoyé depuis deux ans (2). Les expériences susmentionnées peuvent rendre compte de ces faits. Quand une eau infectée est immobile, comme dans les citernes et les réservoirs, les germes tombent dans les parties déclives. Quelle est la conclusion pratique que l'on peut tirer de ce fait? Elle a été fort bien saisie par MM. Fol et Dunant qui s'expriment ainsi sur *le rôle des réservoirs* (3). « Si le robinet d'entrée et le robinet de sortie sont disposés de façon à maintenir l'eau en mouvement, le réservoir n'existe pour ainsi dire pas, il joue le rôle d'un tuyau. Si, au contraire, le robinet d'entrée est disposé de manière à ne pas agiter la masse contenue dans le réservoir, si en même temps le robinet de sortie est situé à une certaine hauteur au-dessus du fond, le réservoir est utile, l'eau y stagne, les microbes tombent au fond comme tout à l'heure

(1) *Thèse de Rouffignac.* Paris, 1885. *Épidémie de fièvre typhoïde à la caserne de la Nouvelle-France.*

(2) Brouardel, *Épidémie de Clermont-Ferrand (Annales d'hygiène,* 1887, p. 394).

(3) Fol et Dunant, *Effets du repos prolongé sur la pureté de l'eau (Revue d'hygiène,* 1885, p. 183).

dans l'éprouvette, et y restent au lieu de s'écouler avec l'eau qui sort. Mais pour cette raison aussi il faudra veiller à la plus grande propreté des réservoirs, les vider souvent et les laver à grande eau.

La meilleure manière d'arriver à ce but serait d'avoir pour les maisons des réservoirs munis de deux orifices de sortie, dont l'un, placé dans la partie la plus déclive, ne servirait qu'à le laver après les nettoyages, et dont l'autre, placé à quelques centimètres au-dessus du fond, serait la prise d'eau habituelle. »

L'épuration de l'eau par le repos a été appliquée à Marseille. Dans le but de débarrasser les eaux de la Durance de leur limon, on a disposé, sur le parcours du canal, quatre grands bassins d'épuration, où la pente étant insignifiante, l'eau s'écoule lentement. Ne se passe-t-il pas dans ces circonstances ce qui a lieu dans les éprouvettes de nos laboratoires, et ce que l'on observe aussi pour les eaux éloignées des bords dans le lac de Genève ?

Comme on le voit, ce petit fait que nous constations tout à l'heure, à savoir, que les microbes tombent au fond du vase, est gros de conséquences quand il s'agit d'alimenter d'eau une maison et même une ville.

Dans nos expériences, nous avons pu constater à plusieurs reprises qu'un certain nombre de microbes pathogènes périssent après avoir été laissés au repos pendant plus ou moins longtemps. Nous nous sommes alors demandé si ce repos n'était pas la cause de leur mort, si ces organismes tombant au fond du vase ne mouraient pas, faute d'oxygène. Pour chercher à éclaircir cette hypothèse, nous avons opéré de la façon suivante : de l'eau distillée et de l'eau de source préalablement stérilisées ont été mises en couche mince dans des ballons Pasteur, puis ensemencées avec différents microbes ; l'eau s'étalait ainsi sur une surface relativement étendue. Nous n'avons pas observé de différence sensible entre la durée de la vie des micro-organismes placés dans ces flacons et la

durée de ceux qu'on avait laissés dans des tubes à essai contenant une couche beaucoup plus profonde de liquide. Nous
avons ensuite opéré comparativement sur des tubes ensemencés le même jour, contenant exactement la même quantité
d'eau, et sensiblement aussi la même quantité de culture, dont
une moitié était laissée au repos, et l'autre moitié agitée tous
les jours pendant quelques minutes. Cette agitation avait pour
but de renouveler journellement l'air dissous dans l'eau et de
permettre aux infiniment petits de respirer librement. Les
résultats ont été presque toujours identiques. Les micro-organismes ainsi tombés au fond des eaux peuvent donc y trouver
l'air nécessaire à leur respiration et y vivre avec autant de
facilité que s'ils flottaient dans le liquide.

Ce résultat n'a du reste rien qui puisse nous surprendre,
car tout le monde sait que le coefficient de solubilité de l'oxygène dans l'eau est le même pour toutes les couches du liquide;
en d'autres termes, que les couches profondes et les couches
superficielles contiennent exactement la même quantité d'oxygène dissous. Reste à savoir si cet oxygène, une fois utilisé
pour les besoins des micro-organismes, se renouvelle avec
autant de facilité dans la profondeur qu'à la surface des eaux,
celle-ci étant plus près de l'air, véritable source d'oxygène.

Si nous ne savons expliquer pourquoi certains microbes
meurent après un séjour plus ou moins long dans l'eau, pouvons-nous du moins savoir pourquoi d'autres peuvent vivre
pour ainsi dire indéfiniment dans ce milieu? Nous verrons,
à propos du *bacillus anthracis*, que l'explication de ce phéno-
mène tient tout simplement à ce que la bactéridie charbonneuse, organisme délicat et fragile, donne dans l'eau des spores
douées comme on le sait d'une grande résistance. Il est fort
probable qu'il en est ainsi pour les autres bacilles, de telle
sorte que, au point de vue de la durée de la vie dans l'eau, les
microbes pathogènes peuvent être divisés en deux grandes
catégories : d'un côté les bacilles qui peuvent pendant très
ongtemps s'y conserver vivants, de l'autre les microcoques

qui y périssent beaucoup plus vite : or on sait que l'on ne connaît point pour ces derniers de formes durables, de spores.

Voici maintenant quels ont été les résultats de nos expériences.

Bacillus anthracis.

Les recherches de M. Koch, de M. Pasteur, et celles plus récentes de M. Meade.Bolton, nous ont appris que les *spores* de la bactéridie charbonneuse sont susceptibles de se conserver pendant très longtemps dans divers milieux, dans les eaux notamment. Une nouvelle constatation de ce fait paraîtra donc superflue.

Notre but a été différent. Nous nous sommes proposé de déterminer quelle est la durée maxima de la vie de la bactéridie charbonneuse mise dans l'eau à l'état bacillaire, *avant tout développement de spores*, telle qu'elle existe dans le sang des animaux qui viennent de succomber au charbon.

Série I (2 mai). — 12 tubes contenant les uns 10^{cmc} d'eau distillée, les autres 10^{cmc} d'eau de l'Ourcq stérilisées. On y sème avec la pointe d'une aiguille de platine des traces de sang d'un cobaye mort du charbon.

EAU.	TEMPÉRATURE.	ADDITION DE BOUILLON au bout de	RÉSULTATS (a).	DURÉE- MAXIMA de la vie.
De l'Ourcq .	20°	10 jours. . . . . . + 13 — . . . . . . + 17 — . . . . . + 23 — . . . . . + 25 — . . . . . + 28 — . . . . . + (1)		28 jours.
Distillée. . .	20°	6 jours. . . . . . + 14 -- . . . . . + 16 — . . . . . + 24 — . . . . . + (2) 26 — . . . impuretés. 28 — . . . . . O		24 jours.

Série II (30 mai). — 8 ballons Pasteur contenant les uns 10^{cmc} d'eau de l'Ourcq, les autres 10^{cmc} d'eau distillée stérilisées. On y sème des traces de sang d'un cobaye mort du charbon.

EAU.	TEMPÉRATURE.	ADDITION DE BOUILLON au bout de	RÉSULTATS.	DURÉE MAXIMA de la vie.
De l'Ourcq .	20°	6 jours . . . . . + 11 — . . . impuretés. 14 — . . . . . + 28 — . . . . . + (3) .		28 jours.
Distillée. . .	20°	6 jours . . . . . + 15 — . . . impuretés. 16 — . . . . . O 17 — . . . . . +		17 jours.

(a) Dans ce tableau ainsi que dans les suivants, la notation + signifie qu'il y a développement du microbe dans l'eau additionnée de bouillon. La notation O indique l'absence de tout développement.

(1) Un cobaye inoculé avec cette culture meurt du charbon 36 heures après l'inoculation.

(2) On inocule avec cette culture une souris qui meurt du charbon 24 heures après.

(3) Un lapin inoculé avec cette culture meurt du charbon après 48 heures.

Série III (25 juillet). — 20 tubes contenant les uns 10^{cmc} d'eau de la Vanne, les autres 10^{cmc} d'eau distillée stérilisées. On y sème des traces de sang d'un cobaye mort du charbon.

EAU.	TEMPÉRATURE.	ADDITION DE BOUILLON au bout de	RÉSULTATS.	DURÉE MAXIMA de la vie.
De la Vanne.	0º 2	12 jours . . .	. . . +	65 jours.
		17 — . .	. impuretés.	
		18 — . .	. . . +	
		22 — . .	. . . +	
		30 — . .	. . . +	
		32 — . .	. impuretés.	
		42 — . .	. . . + (1)	
		51 — . .	. . . O	
		56 — . .	. impuretés.	
		60 — . .	. . . +	
		65 — . .	. . . +	
Distillée. . .	20º	12 jours . .	. . . +	131 jours.
		15 — . .	. . . +	
		22 — . .	. . . +	
		30 — . .	. . . +	
		43 — . .	. . . +	
		47 — . .	. . . O	
		52 — . .	. . . + (2)	
		60 — . .	. . . O	
		64 — . .	. . . + (3)	
		78 — . .	. . . +	
		131 — . .	. . . +	

On voit donc que le *bacillus anthracis* peut vivre très longtemps dans diverses eaux, préalablement stérilisées, et maintenues à une température de 15° à 20°. Dans un cas, il était encore vivant et doué de végétabilité, au bout de 131 jours. L'expérience n'a pas été continuée au delà.

Comment s'expliquer cette vie si longue du *bacillus anthracis* dans l'eau, étant donné ce que nous savons sur sa

(1) On injecte à un cobaye, dans le tissu cellulaire sous-cutané, quelques divisions d'une seringue de Pravaz de cette culture ; il meurt 38 heures après l'inoculation. La sérosité de l'œdème et le sang du cœur sont riches en bactéridies.

(2) Un cobaye inoculé avec cette culture meurt du charbon 36 heures après l'inoculation.

(3) Inoculation d'un peu de cette culture à une souris ; elle meurt 24 heures après du charbon.

faible résistance et sa vulnérabilité bien connue ? Le *bacillus anthracis*, placé dans l'eau, même distillée, serait-il susceptible de donner des spores, comme il le fait dans ses milieux habituels de culture ? Tel était le point intéressant à élucider. Pour s'assurer si effectivement des spores s'étaient formées dans les tubes d'eau où la bactéridie avait été semée, il suffisait de soumettre ces tubes, plus ou moins longtemps après l'ensemencement, à une température de 65° à 70° pendant 10 minutes environ. On sait que dans ces conditions les bacilles sont tués et que les spores seules résistent. Si, malgré ce chauffage, on observe encore un développement, c'est que les bacilles semés dans l'eau avaient donné naissance à des spores.

Voici les résultats de quelques-unes de ces expériences :

3 tubes d'eau de l'Ourcq et 3 tubes d'eau distillée sont ensemencés avec des traces de sang charbonneux frais, puis laissés à l'étuve à 20° pendant 64 jours. Alors on chauffe ces tubes au bain-marie, les uns à 70°, les autres à 65°, pendant 10 minutes. On ajoute du bouillon et on porte de nouveau les tubes à l'étuve à 30°. On obtient les cultures caractéristiques du charbon.

Des tubes analogues sont maintenus pendant *une heure* à une température de 50° à 55°; on y ajoute ensuite du bouillon et on y observe le développement de la culture caractéristique.

On a donc ainsi la preuve que le *bacillus anthracis*, semé dans de l'eau distillée pure, est *susceptible d'y donner des spores*. Ainsi s'explique tout naturellement la longue durée de la survie constatée dans nos expériences.

Il était curieux aussi de savoir si, par un séjour prolongé dans l'eau, le *bacillus anthracis* perd de sa virulence.

Un certain nombre de cobayes ont été inoculés avec de l'eau à laquelle on avait ajouté du bouillon : après 28, 42, 52 et 64 jours, ces animaux sont toujours morts du charbon dans l'espace de 24 à 48 heures.

La bactéridie charbonneuse conserve donc toute sa virulence dans l'eau stérilisée.

Nous avons ensuite voulu savoir si l'injection de l'eau avant l'addition de bouillon était susceptible de donner le charbon aux cobayes et aux souris. Dans un certain nombre de cas, les animaux n'ont présenté aucun symptôme ; dans d'autres, ils ont succombé après avoir présenté un œdème considérable et des bactéridies dans la sérosité et dans le sang. Il est fort probable que dans le premier cas nous n'avions pas injecté de germes, leur quantité étant très peu considérable eu égard à la quantité d'eau contenue dans le tube.

Enfin il nous a paru intéressant de constater ce qui advient en conservant la bactéridie non plus à une température de 15 à 20 degrés, mais à 35 degrés.

Pour cela nous avons entrepris deux nouvelles séries d'expériences, et, à notre grande surprise, nous avons vu que, à cette température, le *bacillus anthracis* mourait toujours du huitième au onzième jour. Déjà M. Meade Bolton avait remarqué que, dans des circonstances analogues, la bactéridie charbonneuse était morte au bout de 55 heures.

Il résulte donc de nos recherches que :

1° Le *bacillus anthracis* peut vivre pour ainsi dire indéfiniment dans l'eau stérilisée, maintenue à une température de 15 à 20 degrés.

2° Cette longue durée de la vie du microbe dans l'eau tient à ce qu'il y donne des spores.

3° Sa virulence n'est nullement atténuée par ce séjour prolongé dans l'eau.

Il est inutile d'insister davantage sur l'importance que peuvent avoir ces connaissances, au point de vue de l'étiologie du charbon que les anciens qualifiaient de spontané. Personne n'ignore plus aujourd'hui depuis les admirables travaux de M. Pasteur et de ses élèves, que l'une des portes d'entrée de la bactéridie charbonneuse dans l'organisme est le tube digestif. Les spores charbonneuses disposées à la surface du sol ou ramenées de sa profondeur (où elles s'étaient développées après l'enfouissement d'un cadavre) à sa surface par les vers de terre sont ingérées le plus souvent avec les aliments solides. Mais ces germes ne peuvent-ils pas être entraînés par les eaux jusqu'à la rivière ou l'étang le plus voisin et s'y conserver très longtemps? Dans certains pays, on a la déplorable habitude de jeter dans la rivière les cadavres des animaux qui succombent : ne peuvent-ils pas aller disséminer au loin le germe de la maladie qui les a tués ? Peut-être peut-on expliquer ainsi l'apparition d'affections charbonneuses dans des localités où il est absolument impossible d'établir l'importation d'éléments charbonneux, provenant d'animaux malades. A côté de la contamination par les aliments ne faut-il pas faire une place pour la contamination par les boissons, maintenant que nous connaissons la facilité avec laquelle la bactéridie charbonneuse se conserve dans l'eau. Du reste, survienne une inondation, les spores pourront être déposées sur les pâturages voisins de la rivière et pénétrer dans le tube digestif des animaux en même temps que les aliments.

Bacille de la fièvre typhoïde.

Tout le monde sait aujourd'hui que l'un des principaux moyens de propagation de la dothiénentérie est la contamination des eaux potables par les excréments des typhiques. A ceux qui pourraient encore conserver quelques doutes à cet égard, nous conseillerons tout simplement la lecture du discours de M. Brouardel (1) sur les modes de propagation de cette maladie.

Nous n'avons plus à revenir ici sur la découverte du bacille d'Eberth dans l'eau, y ayant suffisamment insisté au début de ce travail ; nous nous contenterons d'y renvoyer le lecteur.

(1) BROUARDEL, *Des Modes de propagation de la fièvre typhoïde* (6e congrès international d'hygiène et de démographie tenu à Vienne en septembre 1887). (*Annales d'hygiène*, 3e série, t. XVIII, p. 383.)

Il ne sera question, maintenant, que de la durée maxima de la vie de ce microbe dans l'eau stérilisée.

MM. Wolffhügel et Riedel avaient déjà constaté qu'il peut s'y conserver vivant pendant 32 jours, et M. Meade Bolton l'y avait retrouvé au bout de trois semaines à un mois.

MM. Chantemesse et Widal avaient observé également qu'un séjour de 90 jours dans l'eau de l'Ourcq stérilisée ne suffit point pour faire perdre à ce micro-organisme la propriété de se développer.

Les tableaux suivants indiquent quels ont été les résultats de nos recherches :

BACILLE DE LA FIÈVRE TYPHOÏDE.

Série I (29 mai). — 12 tubes contenant 10^{cmc} d'eau de l'Ourcq et 10^{cmc} d'eau distillée stérilisées. On y sème avec la pointe d'une aiguille de platine des traces de culture du bacille d'Eberth prise sur la pomme de terre.

EAU.	TEMPÉRATURE.	ADDITION DE BOUILLON au bout de	RÉSULTATS.	DURÉE MAXIMA de la vie.
De l'Ourcq .	20°	5 jours . . 11 — . . 32 — . . 35 — . . 38 — . . 43 — . .	. . . : + . . . : O . . . . + ... O . impuretés. . impuretés.	32 jours.
Distillée. . .	20°	5 jours . . 11 — . . 17 — . . 22 — . . 28 — . . 32 — . .	. . . . + ... + ... O . impuretés. . impuretés. . . . . +	30 jours.

Série II (20 juin). — 14 tubes d'eau de la Vanne et 10 tubes d'eau distillée stérilisées sont ensemencés avec des traces d'une culture de fièvre typhoïde sur pomme de terre.

EAU.	TEMPÉRATURE.	ADDITION DE BOUILLON au bout de	RÉSULTATS.	DURÉE MAXIMA de la vie.
De la Vanne.	20°	15 jours. .	. . . O	43 jours.
		23 — . .	. . . +	
		26 — . .	. . . O	
		29 — . .	. impuretés.	
		33 — . .	. . . +	
		34 — . .	. . . +	
		40 — . .	. . . +	
		43 — .	. . . +	
Distillée. . .	20°	10 jours. .	. . . O	35 jours.
		25 — . .	. . . O	
		30 — . .	. . . +	
		35 — . .	. . . +	
		40 — . .	. . . O	
		43 — . .	. impuretés.	

SÉRIE III (25 juillet). — 10 tubes contenant 10^{cmc} d'eau de l'Ourcq, 10 autres 10^{cmc} d'eau distillée stérilisées. On y sème avec la pointe d'une aiguille de platine des traces d'une culture de fièvre typhoïde sur pomme de terre.

EAU.	TEMPÉRATURE.	ADDITION DE BOUILLON au bout de	RÉSULTATS.	DURÉE MAXIMA de la vie.
De l'Ourcq. .	25°	23 jours . .	. . . O	81 jours.
		39 — . .	. impuretés.	
		44 — . .	. . . +	
		60 — . .	. . . O	
		65 — . .	. . . O	
		72 — . .	. . . O	
		75 — . .	. . . +	
		78 — . .	. impuretés.	
		80 — . .	. . . O	
		81 — . .	. . . +	
Distillée. . .	25°	16 jours . .	. . . O	69 jours.
		27 — . .	. . . +	
		39 — . .	. . . O	
		49 — . .	. . . O	
		60 — . .	. . . +	
		69 — . .	. . . +	
		73 — . .	. . . O	
		76 — . .	. . . O	
		78 — . .	. . . O	
		131 — . .	. . . O	

Série IV (23 octobre). — 8 tubes contenant les uns 10°™° d'eau de l'Ourcq, les autres 10°™° d'eau distillée stérilisées. On y sème avec la pointe d'une aiguille de platine des traces d'une culture de bacille d'Eberth prise sur la pomme de terre.

EAU.	TEMPÉRATURE.	ADDITION DE BOUILLON au bout de	RÉSULTATS.	DURÉE MAXIMA de la vie.
De l'Ourcq. .	35°	8 jours . . 16 — . . 26 — . . 37 — . .	. . . . + ... + ... O . . . : +	37 jours.
Distillée. . .	35°	8 jours . . 11 — . . 20 — . . . 27 — . .	. . . . + ... + . impuretés. . . . . +	27 jours.

Le bacille de la fièvre typhoïde peut donc vivre jusqu'à 81 jours dans l'eau de rivière stérilisée, la durée de sa vie est moins longue dans l'eau distillée puisqu'il y était mort à partir du 70° jour. Il semble donc que les exigences nutritives de ce microbe soient plus grandes que celles de certains autres, la bactéridie charbonneuse et la tuberculose par exemple.

On remarquera également qu'il se conserve plus longtemps dans de l'eau à 35 degrés que ne le faisait le *bacillus anthracis* dans des circonstances analogues : le premier, en effet, y mourait du 8° au 11° jour, le second y était encore vivant après le 27° et le 37° jour.

Enfin à différentes reprises nous avons chauffé l'eau qui renfermait depuis 8, 10, 20, 30 jours de la culture de bacilles d'Eberth, jamais ceux-ci n'y ont résisté à une température de 100 degrés ni même de 90 degrés prolongée pendant dix minutes.

La conclusion pratique à tirer des détails dans lesquels nous venons d'entrer, est formulée dans la proposition suivante, approuvée par la troisième section du congrès d'hygiène tenu à Vienne en 1887, sur la demande de M. Brouardel : « Etant prouvée la possibilité de la propagation des maladies infectieuses par l'eau potable contaminée, l'une des plus importantes prescriptions de l'hygiène publique doit être de fournir de l'eau absolument pure aux populations. »

Il faudra donc préserver les puits et les fontaines du mélange de leurs eaux avec les eaux ménagères ou bien les eaux provenant de terrains souillés, en construisant des réservoirs à parois imperméables descendant jusqu'à l'eau du sous-sol et dépassant le niveau du sol; il faudra surtout les éloigner le plus possible des fosses d'aisances.

Si l'on est obligé d'utiliser l'eau de rivière comme eau potable, il est indispensable de la filtrer dans des appareils sûrs ou de la porter à l'ébullition pendant quelques minutes, le bacille d'Eberth ne résistant pas à une température de 100 degrés.

Spirille du choléra asiatique.

Nous savons déjà que la spirille du choléra a été trouvée en grande abondance par M. Koch, dans un étang servant à l'alimentation d'un village des Indes. M. Klein l'a également rencontrée dans l'eau. M. Rietsch l'a isolée, pendant la dernière épidémie qui a sévi à Marseille, de l'eau du vieux port où se déversent les égouts de la ville. L'apport du germe infectieux dans le tube digestif, condition indispensable pour qu'une personne soit atteinte du choléra, peut donc se faire par les eaux potables. Voici du reste comment s'exprime M. Charrin (1) à propos du choléra de l'île d'Yeu et de Bretagne, 1885-1886 : « L'hypothèse de la contagion du choléra la plus probable en ce qui concerne l'épidémie de Bourg-Saint-Sauveur est celle de la transmission directe. Toutefois on peut en émettre une seconde. Les habitants de Bourg-Saint-Sauveur boivent l'*eau de puits*. Ces puits sont peu profonds : la couche de terre végétale qui couvre le roc, ne dépasse pas en beaucoup de points un mètre d'épaisseur.

Quelques-uns de ces puits sont placés dans des endroits

(1) *Annales d'hygiène*, 1887, t. XVII, p. 23.

déclives par rapport aux maisons, aux étables, et surtout à des amas de fumiers très nombreux sur lesquels on jette les matières fécales humaines, ce qui a été fait durant l'épidémie, au moins dans les premiers moments. A l'époque du choléra, en raison de la saison pluvieuse, ces puits étaient remplis d'une eau sale jaunâtre. Or un de ces derniers se trouvait précisément auprès de la maison de la première victime et son eau alimentait à peu près toutes les maisons frappées par l'épidémie. Cette eau se trouvait dans d'excellentes conditions pour être contaminée. Malheureusement, l'analyse biologique de ce liquide ne put être faite. »

Puisque les eaux potables peuvent être suspectes au point de vue de la propagation du choléra, il importe de savoir combien de temps le bacille-virgule peut vivre dans ce milieu.

Wolffhügel et Riedel l'ont vu se conserver pendant sept mois dans l'eau de rivière stérilisée et peu de jours seulement dans l'eau distillée.

Voici les résultats de nos recherches :

SÉRIE I (24 juin). — 16 tubes contenant les uns 5^{cmc} d'eau de l'Ourcq, les autres 5^{cmc} d'eau distillée stérilisées. On y sème avec la pointe d'une aiguille de platine des traces d'une culture de choléra.

EAU.	TEMPÉRATURE.	ADDITION DE BOUILLON au bout de	RÉSULTATS.	DURÉE MAXIMA de la vie.
De l'Ourcq. .	20°	6 jours . .	. . . . +	26 jours.
		11 — . .	. . . . +	
		15 — . .	. . . . +	
		19 — . .	. impuretés.	
		23 — . .	. . . . +	
		26 — . .	. . . . +	
		30 — . .	. . . . O	
Distillée. . .	20°	6 jours . .	. . . . +	14 jours.
		10 — . .	. . . . +	
		14 — . .	. . . . +	
		16 — . .	. . . . O	
		20 — . .	. . . . O	
		24 — . .	. . . . O	
		28 — . .	. . . . O	
		32 — . .	. . . . O	

Série II (25 juillet). — 12 tubes contenant les uns 5ᵉᵐᵉ d'eau de l'Ourcq, les autres 5ᵉᵐᵉ d'eau distillée stérilisées. On y sème des traces d'une culture de choléra.

EAU.	TEMPÉRATURE.	ADDITION DE BOUILLON au bout de	RÉSULTATS.	DURÉE MAXIMA de la vie.
De la Vanne.	20°	13 jours . . . 20 — . . 30 — . . 39 — . . 49 — . . 54 — . . 60 — . .	. impuretés. . . . + . . . + . . . + . . . O . . . O . . . O	39 jours.
Distillée. . ..	20°	10 jours . . 20 — . . 30 — . . 39 — . . 60 — . .	. . . O . . . O . . . O . . . O . . . O	»

Série III (26 octobre). — 8 tubes contenant les uns 5ᵉᵐᵉ d'eau de l'Ourcq, les autres 5ᵉᵐᵉ d'eau distillée stérilisées. On y sème avec la pointe d'une aiguille de platine des traces d'une culture de choléra.

EAU.	TEMPÉRATURE.	ADDITION DE BOUILLON au bout de	RÉSULTATS.	DURÉE MAXIMA de la vie.
De l'Ourcq .	35°	9 jours . . 24 — . . 30 — . . 32 — . .	. . . + . . . + . . + . impuretés.	30 jours.
Distillée. . .	35°	24 jours . . 28 — . . 30 — . . 34 — .	. . . O . . . O . . . O . . . O	»

Dans nos expériences, la spirille du choléra a été trouvée vivante après 26 et 30 jours dans l'eau de l'Ourcq et après 39 jours dans l'eau de la Vanne. Tous les tubes auxquels nous avons ajouté du bouillon après le 40° jour sont restés stériles.

Comme on le voit, nos résultats diffèrent de ceux de nos prédécesseurs, pour ce qui concerne l'eau de rivière.

En est-il de même pour ce qui regarde l'eau distillée? Dans un premier essai et dans un seul tube nous avons trouvé le bacille-virgule vivant le 14ᵉ jour; dans les deux autres expériences, il était mort avant le 10ᵉ et le 24ᵉ jour.

Ceci prouve, sans contredit, que si la plupart des microbes pathogènes sont peu exigeants au point de vue des matières nutritives et se conservent aussi bien dans l'eau de rivière que dans l'eau distillée, il n'en est plus de même de celui du choléra, qui paraît avoir besoin pour vivre d'une quantité plus considérable d'aliments.

La température de l'eau ne paraît pas avoir une grande influence sur la durée de la vie de ce micro-organisme. En effet, il se conserve aussi longtemps dans l'eau à 20 degrés que dans le liquide maintenu à 35°.

Il était intéressant de savoir à quelle température il fallait chauffer le liquide, dans lequel avait séjourné la spirille du choléra depuis un temps plus ou moins long, pour la rendre absolument stérile. Nous avons pu nous assurer ainsi qu'une température de 50 à 60 degrés pendant 20 à 30 minutes était toujours fatale au bacille-virgule.

Au congrès d'hygiène de 1887, M. Proust fit ressortir que, en ce qui concerne la transmission du choléra par l'eau potable, aux nombreux faits confirmatifs, il n'en avait été opposé aucun qui fût venu le contredire. Le savant Professeur d'hygiène, considérant ce mode de propagation comme absolument démontré, conclut en disant qu'il fallait s'efforcer d'obtenir des gouvernements et des autorités locales que l'eau fournie aux populations fût toujours d'une pureté absolue.

Quand le choléra a été importé dans un pays, les eaux peuvent en effet répandre très vite l'affection dans un même centre, et cela d'autant mieux, que leur souillure se renouvelle sans cesse. De là la marche rapide des épidémies, si l'on n'a soin de surveiller les eaux potables. Il sera donc de la plus haute importance de savoir s'il existe des afflux provenant de terrains superficiels, des conduites de lieux d'aisances, etc. ; en un mot, de rechercher les voies par lesquelles le bacille-virgule a pu arriver jusqu'à l'eau pour la transformer en une source d'infection. Si l'eau est suspecte, il faut à tout prix en empêcher la consommation. Il va de soi qu'on appliquera en même temps les mesures indiquées par MM. Proust et Charrin, c'est-à-dire l'isolement des malades et des personnes qui les soignent, et la désinfection à outrance des déjections cholériques, qui permirent à ces savants de vaincre le terrible fléau sévissant à Tréboul et menaçant Douarnenez en 1886.

Nous répéterons encore ici ce que nous disions à propos de la fièvre typhoïde : en temps d'épidémie, ne buvons que de l'eau bien filtrée, ou mieux de l'eau que nous aurons préalablement portée à l'ébullition pendant quelques minutes.

Tuberculose.

.MM. Chantemesse et Widal (1) nous paraissent être les premiers qui aient cherché pendant combien de jours les bacilles et les spores de la tuberculose pouvaient rester vivants dans l'eau stérilisée. Nous ferons remarquer cependant que os expériences étaient commencées depuis le mois de mai et que par conséquent elles étaient faites en même temps que les leurs. Quoi qu'il en soit, voici comment ils ont opéré :

Les échantillons d'eau ont été les uns préalablement stérilisés et ensemencés avec des cultures de tuberculose riches en spores, les autres ensemencés directement après avoir été recueillis sans stérilisation préalable.

Une moitié des tubes de chaque groupe a été conservée à la glacière à une température variant entre 8 et 12 degrés, l'autre

(1) *Congrès pour l'étude de la tuberculose chez l'homme et les animaux (Semaine médicale,* 1er août 1888).

moitié a été maintenue à la température de la chambre entre 15 et 20 degrés.

Tous les huit jours, une prise d'eau était faite dans les tubes conservés à la température froide et à la température modérée, pour être semée dans des ballons Pasteur, contenant du bouillon glycériné, suivant la méthode Nocard et Roux. Les flacons Pasteur étaient ensuite portés à l'étuve. Au bout de vingt jours et d'un mois, un centimètre cube d'eau de chacun des tubes qui, sans stérilisation préalable, avait reçu des germes de la tuberculose, a été inoculé dans le péritoine de cobayes qui n'ont pas été rendus tuberculeux.

Les résultats ont été les suivants :

Les germes de la tuberculose se sont conservés vivants pendant cinquante jours dans l'eau de Seine stérilisée et laissée entre 8 et 12 degrés.

Ils étaient encore en vie au bout de 70 jours dans l'eau de Seine stérilisée maintenue entre 15 et 18 degrés.

MM. Galtier et Cadéac (1) ont placé des fragments d'organes tuberculeux dans de l'eau sans cesse renouvelée et ensuite dans de l'eau stagnante dans un vase; puis des cultures ont été tentées avec ce liquide. L'eau courante a donné des inoculations positives un mois et demi après le début de l'expérience, et l'eau stagnante a été inoculée avec succès 120 jours après.

Mais nous ferons oberver que ces deux derniers expérimentateurs opéraient dans des conditions toutes spéciales, les bacilles de Koch trouvant dans le fragment de l'organe une nourriture abondante.

Les tableaux suivants résument le résultat de nos recherches.

(1) ARLOING, *Congrès pour l'étude de la tuberculose chez l'homme et les animaux* (*Semaine médicale*, 1er août 1888).

 MICROBES PATHOGÈNES

BACILLE DE LA TUBERCULOSE

SÉRIE I (15 juillet). — 10 tubes contenant les uns 10ᶜᵐᵒ d'eau de l'Ourcq, les autres 10ᶜᵐᵒ d'eau distillée stérilisées sont ensemencés avec des traces de culture de tuberculose sur gélose glycérinée.

EAU.	TEMPÉRATURE.	ADDITION DE BOUILLON glycériné au bout de	RÉSULTATS.	DURÉE MAXIMA de la vie.
De l'Ourcq. .	20°	4 jours. . 8 — . . 14 — . . 27 — . .	. . . + . impuretés. . . . + . . . + (1)	27 jours.
Distillée. . .	20°	5 jours. . 15 — . . 19 — . . 24 — . .	. impuretés. . . . + . . . + . . . +	24 jours.

SÉRIE II (25 juillet). — 10 tubes contenant les uns 10ᶜᵐᵒ d'eau de l'Ourcq, les autres 10ᶜᵐᵒ d'eau distillée stérilisées, sont ensemencés avec des traces de culture sur gélose glycérinée.

EAU.	TEMPÉRATURE.	ADDITION DE BOUILLON glycériné au bout de	RÉSULTATS.	DURÉE MAXIMA de la vie.
De l'Ourcq. .	38°	15 jours. . 30 — . . 39 — . . 95 — . .	. . . + . impuretés. . . . + . . . + (2)	95 jours.
Distillée. . .	38°	9 jours. . 23 — . . 35 — . . 40 — . . 90 — . . 115 — . .	. . . + . . . + . . . O . . . + . . . + . . . +	115 jours.

(1) Inoculée à un cobaye qui est sacrifié deux mois après. L'animal ne présente pas de lésions tuberculeuses.

(2) Un peu de cette culture est inoculée sous la peau du ventre d'un cobaye. Celui-ci, tué au bout de deux mois, présente, au lieu d'inoculation, un abcès tuber-

Série III (23 octobre). — 8 tubes contenant les uns 10ᶜᵐᵉ de l'eau de l'Ourcq, les autres 10ᶜᵐᵉ d'eau distillée stérilisées sont ensemencés avec des traces d'une culture de tuberculose.

EAU.	TEMPÉRATURE.	ADDITION DE BOUILLON GLYCÉRINÉ au bout de	RÉSULTATS.	DURÉE MAXIMA de la vie.
De l'Ourcq .	35°	8 jours. . . 15 — . . 25 — . . 30 — . .	. . . + . impuretés. . . . + . . . +	30 jours.
Distillée. . .	35°	10 jours. . 15 — . . 25 — . . 30 — . .	. impuretés. . . . + . . . + . . . +	25 jours.

On pourra facilement s'assurer en regardant ces tableaux que le bacille de la tuberculose a vécu dans l'eau de l'Ourcq, 27, 30, 95 jours ; l'expérience n'a pas été continuée. La durée de sa vie dans l'eau distillée a été de 24, 25, 115 jours.

Il s'agissait ensuite de savoir si, par un séjour prolongé dans l'eau, le bacille de la tuberculose conserverait sa virulence.

Les cobayes que MM. Chantemesse et Widal avaient inoculés dans le péritoine avec 1 centimètre cube d'eau, renfermant depuis 15 jours des germes de la tuberculose, avaient été sacrifiés au bout de deux mois et demi, aucun ne présentait de traces de tuberculose.

Nous avons inoculé un certain nombre de cobayes dans le péritoine ; l'un de ces animaux, inoculé avec de l'eau dans laquelle avait séjourné pendant 27 jours de la culture de tuberculose, fut sacrifié deux mois après, il ne présentait pas de lésions tuberculeuses. Un deuxième cobaye fut inoculé sous la peau du ventre avec le contenu d'un tube *ensemencé*

culeux contenant des bacilles de Koch, mais sans lésions tuberculeuses généralisées. Il semble que par le long séjour dans l'eau la virulence tuberculeuse se soit atténuée.

depuis 95 *jours* et auquel on avait ajouté du bouillon glycériné : l'animal présenta, au point d'inoculation, un abcès tuberculeux contenant des bacilles de Koch, mais à l'autopsie on ne trouva pas de lésions tuberculeuses généralisées.

Il semble donc que, par un séjour prolongé dans l'eau, la virulence de la tuberculose se soit atténuée. Peut-être le résultat négatif de la première inoculation est-il dû à la faible dose de germes inoculés.

Nous avons également essayé à plusieurs reprises de porter l'eau, ensemencée depuis plus ou moins longtemps avec les germes de la tuberculose, à la température de l'ébullition pendant un quart d'heure à une demi-heure. Après ces expériences, cette eau est toujours restée stérile.

Il résulte donc des considérations précédentes que :

1° Le bacille de la tuberculose peut vivre très longtemps dans l'eau stérilisée ;

2° Par son séjour dans l'eau, le bacille de Koch semble perdre de sa virulence.

Bacille de la morve.

MM. Cadéac et Malet (1) ont pu conserver du jetage morveux dans l'eau pendant 18 jours et constater qu'après ce temps il avait gardé toute sa virulence. Il était donc intéressant de savoir combien de jours le bacille de la morve pourrait vivre dans ce liquide. Nous nous attendions à une durée fort courte, sachant combien il faut renouveler souvent les cultures de morve pour les conserver vivantes. Mais nos expériences nous ont prouvé que ce bacille peut vivre dans l'eau pendant 19, 28, 50 et 57 jours. Sa résistance paraît donc moins grande que celle de la bactéridie charbonneuse, du bacille de la fièvre

---

(1) *Étude expérimentale sur la transmission de la morve par contagion médiate et par infection* (*Revue de médecine*, 1887, p. 353).

typhoïde, ou de celui de la tuberculose, mais elle est cependant encore considérable.

Ce bacille inoculé à des cobayes après un séjour de 23, de 28, de 50 jours, les a fait périr de la morve au bout de 12 à 15 jours, après avoir présenté dans les testicules de grands abcès morveux caractéristiques; il avait donc conservé dans ce milieu toute sa virulence.

Enfin nous avons voulu voir à quelle température résisterait ce microbe ainsi conservé dans l'eau. Nous avons chauffé à 100, puis à 80, à 60 et à 55 degrés, pendant dix minutes, les tubes d'eau qui le renfermaient depuis un temps plus ou moins long. Pas un de ces tubes ne s'est troublé après l'addition de bouillon. Une température de 55 degrés pendant dix minutes suffit donc pour faire périr ces bacilles.

Ces recherches nous paraissent très intéressantes au point de vue de l'hygiène vétérinaire. L'étiologie de ce que l'on appelle la morve spontanée est tout aussi obscure que celle du charbon spontané. Et peut-être pour l'une comme pour l'autre de ces deux affections, faut-il aller chercher dans l'eau stagnante de l'abreuvoir la cause de l'infection quand on ne la trouve pas ailleurs.

Le fait que le bacille de la morve ne résiste pas à de hautes températures a aussi son intérêt pratique. Les précautions les plus minutieuses sont en effet indispensables pour arrêter l'affection, quand elle s'est déclarée dans une écurie et pour l'empêcher de se communiquer aux personnes qui approchent des animaux malades. Les locaux et les objets qui auront été souillés par ces derniers seront désinfectés avec le plus grand soin. Or le meilleur désinfectant, nous le connaissons maintenant, puisque nous savons que l'eau bouillante fait périr à coup sûr le bacille de la morve.

BACILLE DE LA MORVE

Série I (15 juin). — 5 tubes contenant 10ᶜᵐᵒ d'eau de l'Ourcq et 5 tubes contenant la même quantité d'eau distillée stérilisées. On y sème avec la pointe d'une aiguille de platine des traces d'une culture de morve prise sur la pomme de terre.

EAU.	TEMPÉRATURE.	ADDITION DE BOUILLON au bout de	RÉSULTATS.	DURÉE MAXIMA de la vie.
De l'Ourcq. .	20°	9 jours . . 15 — . . 20 — . . 25 — . . 28 — . .	. . . + . . . + . impuretés. . . . + (1)	28 jours.
Distillée. . .	20°	8 jours . . 15 — . . 19 — . . 21 — . . 24 — . .	. . . + . impuretés. . . . + . . . O . . . O	19 jours.

Série II (15 juillet). — 16 tubes contenant les uns 10ᶜᵐᵒ d'eau de la Vanne, les autres 10ᶜᵐᵒ d'eau distillée stérilisées. On sème avec la pointe d'une aiguille de platine des traces d'une culture de morve prise sur la pomme de terre.

EAU.	TEMPÉRATURE.	ADDITION DE BOUILLON au bout de	RÉSULTATS.	DURÉE MAXIMA de la vie.
De la Vanne.	25°	8 jours . . 12 — . . 15 — . . 20 — . . 23 — . . 35 — . . 40 — . . 50 — . .	. . . + . impuretés. . . . + . . . + (2) . . . + . impuretés. . . . +	50 jours.
Distillée. . .	25°	10 jours. . 15 — . . 28 — . . 30 — . . 35 — . . 45 — . . 57 — . . 131 — . .	. . . + . impuretés. . . . + (3) . . . O . . . O . . . + . . . O . . . O	57 jours.

(1) Le cobaye inoculé avec cette culture est mort 15 jours plus tard de la morve.

(2) Une demi-seringue Pravaz de cette culture inoculée à un cobaye lui donna la morve.

(3) Inoculée à un cobaye, cette culture le fait mourir de la morve.

Microbes de la suppuration.

Les microbes de la suppuration peuvent également vivre
dans l'eau stérilisée pendant un temps plus ou moins long.
Les recherches que nous avons entreprises à leur égard, nous
ont démontré que la durée de la vie des microcoques dans ce
milieu était moins longue que celle dès bacilles. C'est ainsi
que le *streptococcus pyogenes* n'a vécu que 8 et 10 jours dans
l'eau distillée, 14 et 15 jours dans l'eau de l'Ourcq et dans celle
de la Vanne. De son côté, le *staphylococcus pyogenes aureus*
était mort après 4, 9 et 13 jours dans l'eau distillée, après 15
et 19 jours dans l'eau de rivière. Par contre, le bacille du pus
bleu a pu se conserver pendant 73 jours : il est probable qu'on
l'aurait encore trouvé vivant après un temps beaucoup plus
long si l'expérience avait été continuée. Il partage donc avec
les autres bacilles la propriété de vivre dans l'eau pendant
très longtemps. Il est fort à présumer que, comme les autres,
le *bacillus anthracis* notamment, il est susceptible d'y donner
naissance à des spores.

L'eau qui contenait ces microbes de la suppuration a été
chauffée à plusieurs reprises. L'ébullition pendant dix minutes
a toujours suffi pour la rendre stérile.

Il est inutile d'insister ici sur l'intérêt pratique que peuvent avoir ces recherches au point de vue de la désinfection
des instruments de chirurgie et de l'eau que l'on emploie
pour préparer les solutions dont on fait usage dans les opérations et les pansements.

Il suffira en effet de rappeler au chirurgien qu'il n'y a pas
de suppuration sans microbes, que ces microbes sont susceptibles de vivre pendant assez longtemps dans l'eau, mais que
l'ébullition peut les y faire disparaître.

Streptococcus pyogènes.

SÉRIE I (16 juin). — 10 tubes contenant les uns 10 ᵉᵐᵉ d'eau de l'Ourcq, les autres 10 ᵉᵐᵉ d'eau distillée stérilisées. On y sème avec la pointe d'une aiguille de platine des traces d'une culture de streptococcus pyogenes prise sur gélose.

EAU.	TEMPÉRATURE.	ADDITION DE BOUILLON au bout de	RÉSULTATS.	DURÉE MAXIMA de la vie.
De l'Ourcq .	20°	8 jours. . 14 — 19 — 24 —	. . . + . . . + (1) . . . O . . . O	14 jours.
Distillée. . .	20°	4 jours. . 8 — 14 — 19 — 27 — 29 —	. . . + . . . + . . . O . . . O . . . O . . . O	8 jours.

SÉRIE II (4 septembre). — 10 tubes contenant les uns 5 ᵉᵐᵉ d'eau de la Vanne, les autres 5 ᵉᵐᵉ d'eau distillée stérilisées. On y sème des traces d'une culture de streptococcus pyogenes sur gélose.

EAU.	TEMPÉRATURE.	ADDITION DE BOUILLON au bout de	RÉSULTATS.	DURÉE MAXIMA de la vie.
De la Vanne.	20°	8 jours. . 10 — 12 — 15 — 20 —	. . . + . impuretés. . . . + (2) . . . + . . . O	15 jours.
Distillée. . .	20°	4 jours. . 6 10 — 16 —	. . . + . . . + . . . + . . . O	10 jours.

(1) Inoculée à l'oreille d'un lapin, cette culture produit, dès le lendemain, une rougeur érysipélateuse qui persiste pendant 4 à 5 jours pour disparaître ensuite.

(2) On injecte une seringue de Pravaz de cette culture dans le tissu cellulaire sous-cutané d'un lapin. Quelques jours après on constate un abcès local dont le pus contient de nombreux streptocoques.

Staphylococcus pyogenes aureus.

Série I (16 juin). — 8 tubes contenant les uns de l'eau de. l'Ourcq, les autres de l'eau distillée stérilisées. On y sème des traces d'une culture sur gélatine de staphylococcus pyogenes aureus.

EAU.	TEMPÉRATURE.	ADDITION DE BOUILLON au bout de	RÉSULTATS.	DURÉE MAXIMA de la vie.
De l'Ourcq. .	20°	4 jours . . . . . + 8 — . . . . . + 14 — . . . . . + 19 — . . . . . +		19 jours.
Distillée. . .	20°	4 jours . . . . . + 8 — . . . impuretés. 14 — . . . . . O 19 — . . . . . O		4 jours.

Série II (13 juillet). — 8 tubes contenant les uns de l'eau de l'Ourcq, les autres de l'eau distillée stérilisées, sont ensemencés avec des traces de culture de staphylococcus pyogenes aureus.

EAU.	TEMPÉRATURE.	ADDITION DE BOUILLON au bout de	RÉSULTATS.	DURÉE MAXIMA de la vie.
De l'Ourcq. .	20°	4 jours . . . . . + 8 — . . . . . + 18 — . . . impuretés. 21 — . . . . . +		21 jours.
Distillée. . .	20°	6 jours . . . . . + 9 — . . . . . + 25 — . . . . . O 37 — . . . . . O		9 jours.

Série III (23 octobre). — 6 tubes contenant les uns de l'eau de l'Ourcq, les autres de l'eau distillée stérilisées (10ᵉᵐᵉ), sont ensemencés avec des traces de staphylococcus pyogenes aureus.

EAU.	TEMPÉRATURE.	ADDITION DE BOUILLON au bout de	RÉSULTATS.	DURÉE MAXIMA de la vie.
De l'Ourcq .	35°	8 jours . . . impuretés. 12 — . . . . . O 15 — . . . . . + 27 — . . . . . O		15 jours.
Distillée. . .	35°	8 jours . . . . . O 12 — . . . impuretés. 13 — . . . . . + 20 — . . . . . O		13 jours.

Bacille du pus bleu.

Série I (8 juillet). — 6 fioles d'Erlenmeyer contenant les unes 10ᶜᵐᵉ d'eau de l'Ourcq, les autres 10ᶜᵐᵉ d'eau distillée stérilisées. On y sème des traces de culture de pus bleu.

EAU.	TEMPÉRATURE.	ADDITION DE BOUILLON au bout de	RÉSULTATS.	DURÉE MAXIMA de la vie.
De l'Ourcq. .	20°	4 jours. . . . . + 8 — . . . . . + 12 — . . . . . + 16 — . . . . . + 20 — . . . . . +		20 jours.
Distillée. . .	»	4 jours. . . . . + 8 — . . . . . + 12 — . . . . . + 16 — . . . . . + 20 — . . . . . +		20 jours.

Série II (25 juillet). — 10 tubes contenant les uns 10ᶜᵐᵉ d'eau de la Vanne, les autres 10ᶜᵐᵉ d'eau distillée stérilisées. On y sème des traces d'une culture de pus bleu.

EAU.	TEMPÉRATURE.	ADDITION DE BOUILLON au bout de	RÉSULTATS.	DURÉE MAXIMA de la vie.
De la Vanne.	20°	15 jours. . . . . + 22 — . . . . . + 34 — . . . . . + 73 — . . . . . +		73 jours.
Distillée. . .	»	24 jours. . . . . + 40 — . . . . . + 50 — . . . impuretés. 60 — . . . . . + 73 — . . . . . +		73 jours.

Les expériences qui vont suivre ont trait à des microbes pathogènes moins importants au point de vue médical que ceux dont nous avons parlé jusqu'ici. Ces recherches cependant ont leur intérêt pour l'étude de la biologie générale des microbes. En outre l'hygiène vétérinaire pourra peut-être y trouver quelques indications, du moins pour ce qui concerne deux d'entre eux : le choléra des poules et le rouget du porc.

Pneumobactérie de Friedlænder.

Série I (6 juillet). — 10 ballons Pasteur contenant les uns 10^{cmc} d'eau de l'Ourcq, les autres 10 ^{cmc} d'eau distillée stérilisées. On y sème avec la pointe d'une aiguille de platine des traces d'une culture sur gélatine du pneumococcus de Friedlænder.

EAU.	TEMPÉRATURE.	ADDITION DE BOUILLON au bout de	RÉSULTATS.	DURÉE MAXIMA de la vie.
De l'Ourcq .	20º	4 jours . .	. . . . +	4 jours.
		10 — . .	. . . . O	
		13 — . .	. . . . O	
		16 — . .	. . . . O	
Distillée. . .	»	4 jours . .	. . . . O	O
		10 — . .	. . . . O	
		13 — . .	. . . . O	
		16 — . .	. . . . O	
		20 — . .	. . . . O	

Série II (26 juillet). — 4 fioles d'Erlenmeyer contenant les unes de l'eau de l'Ourcq, les autres de l'eau distillée stérilisées, sont ensemencées avec des traces d'une culture de Friedlænder sur gélatine.

EAU.	TEMPÉRATURE.	ADDITION DE BOUILLON au bout de	RÉSULTATS.	DURÉE MAXIMA de la vie.
De l'Ourcq .	20º	4 jours . .	. . . +	7 jours.
		7 — . .	. . . +	
		11 — . .	. impuretés.	
		24 — . .	. . . O	
Distillée. . .	»	4 jours . .	. . . O	8 jours.
		8 — . .	. . . +	
		15 — . .	. . . O	
		27 — . .	. . . O	

Micrococcus tetragenus.

SÉRIE I (19 juillet). — 5 tubes contenant les uns 10ᶜᵐᵉ d'eau de l'Ourcq,
les autres 10ᶜᵐᵉ d'eau distillée stérilisées, sont ensemencés avec des traces
de culture de micrococcus tetragenus.

EAU.	TEMPÉRATURE.	ADDITION DE BOUILLON au bout de	RÉSULTATS.	DURÉE MAXIMA de la vie.
De l'Ourcq. .	20°	2 jours . . 5 — . . 8 — . . 19 — . . 25 — . .	. . . + . . . + . . . + . . . + . impuretés.	19 jours.
Distillée. . .	20°	4 jours . . 11 — . . 19 — . . 20 — . .	. . . + . . . + . . . + . . . O	19 jours.

Microbe du choléra des poules.

SÉRIE I (7 juin). — 8 tubes contenant les uns 10ᶜᵐᵉ d'eau de l'Ourcq,
les autres 10ᶜᵐᵉ d'eau distillée stérilisées. On y sème avec la pointe d'une
aiguille de platine des traces d'une culture de choléra des poules sur
gélatine.

EAU.	TEMPÉRATURE.	ADDITION DE BOUILLON au bout de	RÉSULTATS.	DURÉE MAXIMA de la vie.
De l'Ourcq. .	20°	5 jours. . 7 — . . 19 — . . 23 — . .	. . . O (1) . . . O . impuretés. . . . O	O
Distillée. . .	20°	7 jours. . 13 — . . 20 — . . 30 — . .	. . . O . impuretés. . . . O . . . O	O

(1) On injecte à un lapin, dans le tissu cellulaire sous-cutané, une seringue
de Pravaz de cette eau, l'animal reste bien portant.

Microbe du choléra des poules.

SÉRIE II (25 juillet). — 8 tubes contenant les uns 5ᵉᵐᵉ d'eau de l'Ourcq, les autres 5ᵉᵐᵉ d'eau distillée stérilisées. On y sème avec la pointe d'une aiguille de platine des traces d'une culture de choléra des poules prise sur la gélose.

EAU.	TEMPÉRATURE.	ADDITION DE BOUILLON au bout de	RÉSULTATS.	DURÉE MAXIMA de la vie.
De l'Ourcq. .	20°	2 jours. . 4 — . . 10 — . . 12 — . .	. . . + (1) . . . O . impuretés. . . . O	2 jours.
Distillée. . .	20°	3 jours. . . 5 — . . 8 — . . 10 — . .	. impuretés. . . . O . . . O . . . O	O

SÉRIE III (23 octobre). — 8 tubes contenant les uns 10ᵉᵐᵉ d'eau de l'Ourcq, les autres 10ᵉᵐᵉ d'eau distillée stérilisées. On y sème avec la pointe d'une aiguille de platine des traces d'une culture de choléra des poules.

EAU.	TEMPÉRATURE.	ADDITION DE BOUILLON au bout de	RÉSULTATS.	DURÉE MAXIMA de la vie.
De l'Ourcq .	35°	3 jours . . 13 — . . 20 — . . 30 — . .	. . . + . . . + . impuretés. . . . +	30 jours.
Distillée. . .	35°	4 jours. . . 8 — . . 20 — . . 35 — . .	. . . O . . . + . impuretés. . . . O	8 jours.

(1) Une demi-seringue de Pravaz de cette culture injectée à un lapin le tue en 24 heures avec les signes caractéristiques du choléra des poules.

Bacille du rouget du porc.

10 fioles d'Erlenmeyer contenant les unes 10^{cmc} d'eau de l'Ourcq, les autres 10^{cmc} d'eau distillée stérilisées sont inoculées avec des traces de culture de rouget.

EAU.	TEMPÉRATURE.	ADDITION DE BOUILLON au bout de	RÉSULTATS.	DURÉE MAXIMA de la vie.
De l'Ourcq. .	20°	3 jours. . 6 — 9 — 14 — 17 —	. . . . O . . . . O . . . + . . . + . . . +	17 jours.
Distillée. . .	20°	6 jours. . 15 — 30 — 34 —	. . . + . . O . impuretés. . . . +	34 jours.

Bacille de la septicémie de la souris.

8 flacons d'Erlenmeyer contenant les uns de l'eau de l'Ourcq, les autres de l'eau distillée stérilisées, sont inoculés avec des traces d'une culture de septicémie de la souris.

EAU.	TEMPÉRATURE.	ADDITION DE BOUILLON au bout de	RÉSULTATS.	DURÉE MAXIMA de la vie.
De l'Ourcq. .	20°	8 jours. . 19 — 20 —	. impuretés. . . . + . . . +	20 jours.
Distillée. . .	20°	8 jours. . 9 — 13 — 19 —	. . . O . . . O . . . O . . . +	19 jours.

RÉSUMÉ : *Bacillus anthracis* (sans spores). Il est encore trouvé vivant dans l'eau au bout de : 16, 24, 28, 65, 131 jours. D'après

M. Meade Bolton, il meurt au bout de 6 jours ; MM. Wolffhügel et Riedel l'ont encore vu vivant au bout de 15 jours.

Bacille de la fièvre typhoïde. Il vit encore au bout de : 30, 35, 43, 69, 81 jours. M. Meade Bolton l'a encore trouvé vivant après 3 semaines à 1 mois ; il n'a pas prolongé davantage l'expérience. Dans les recherches de MM. Wolffhügel et Riedel, la durée de la vie observée a été de : 21, 27, 28 jours.

Spirille du choléra asiatique. Vivante après : 16, 26, 30, 39 jours. MM. Wolffhügel et Riedel l'ont trouvée vivante dans de l'eau de rivière stérilisée après 7 mois.

Bacille de la tuberculose. Vivant après : 24, 25, 27, 30, 75 et 115 jours. La virulence du bacille paraît s'atténuer à la suite d'un long séjour dans l'eau.

Bacille de la morve. Il vit encore au bout de : 19, 28, 50, 57 jours.

Streptococcus pyogenes. Encore vivant au bout de : 8, 10, 15 jours.

Staphylococcus pyogenes aureus. Vivant après : 9, 13, 15, 21 jours. M. Meade Bolton l'a trouvé vivant au bout de 20 à 30 jours de séjour dans l'eau.

Bacille du pus bleu. Encore vivant après : 20, 73 jours.

Pneumobactérie de Friedlænder. Vit encore au bout de : 4, 7, 8 jours.

Micrococcus tetragenus. Encore vivant au bout de : 19 jours (4 à 6 jours d'après Meade Bolton).

Microbe du choléra des poules. Trouvé encore vivant après : 2, 3, 8 jours.

Bacille du rouget du porc. Encore vivant après : 17, 34 jours.

Bacille de la septicémie de la souris. Encore vivant après : 19, 20 jours.

Nous faisons remarquer que les chiffres obtenus dans nos recherches pour les microbes pathogènes dont la vie dans l'eau est courte peuvent être considérés comme bien établis. Mais il n'en est pas de même pour les microbes dont la vie dans l'eau persiste longtemps, tels que ceux du charbon, de la fièvre typhoïde, du choléra, de la tuberculose, etc. Là nous avons souvent été obligés d'arrêter nos expériences, faute de flacons en nombre suffisant. Il est certain que, dans ces cas, nos chiffres de durée maxima sont trop faibles.

CHAPITRE III

DURÉE DE LA VIE DES MICROBES PATHOGÈNES
DANS L'EAU NON STÉRILISÉE

Maintenant que nous sommes édifiés sur la longue durée
de la vie des microbes pathogènes dans l'eau stérilisée, c'est-
à-dire débarrassée des bactéries aquatiles ses hôtes habituels,
il est intéressant de chercher ce que deviendront ces microbes
si nous les mettons dans l'eau telle qu'elle se trouve dans la
nature.

Nous tenons d'abord à faire remarquer combien ces recherches sont délicates. En effet, le procédé qui nous a servi
jusqu'ici à dévoiler la présence des micro-organismes dans
l'eau, c'est-à-dire l'addition de bouillon à ce liquide, ne saurait plus être employé. Cette substance nutritive, en même
temps qu'elle permettrait au microbe pathogène de se développer, laisserait germer à côté de lui les milliers de bactéries
banales de l'eau qui en masqueraient la présence. Nous avons
donc été obligé de recourir à d'autres moyens : la culture sur
plaques, et les inoculations aux animaux.

Les résultats négatifs des inoculations ne sauraient en
pareil cas être pris en sérieuse considération. Il n'en est pas
de même des résultats positifs, et si tel animal auquel nous
avons injecté de l'eau contenant le bacille de la morve par
exemple, succombe après avoir présenté une orchite double,

si à l'autopsie nous trouvons dans le foie et la rate les bacilles caractéristiques, nous pourrons sûrement en conclure que ces microbes étaient vivants dans l'eau que nous avons inoculée.

Voici quels ont été les résultats de nos expériences :

Bacillus anthracis.

SÉRIE I. — Six tubes contenant chacun 10 centimètres cubes d'eau de l'Ourcq sont ensemencés avec des traces de sang charbonneux.

Six plaques de gélatine, confectionnées avec cette eau 24 heures après, ont présenté au bout de 4 jours des colonies caractéristiques.

Résultat positif aussi sur six plaques faites après 48 heures.

Les plaques confectionnées après 72 heures ont toutes donné des résultats négatifs.

Inoculée à un cobaye 24 heures après l'ensemencement, l'eau ne lui a pas communiqué le charbon.

SÉRIE II. — Six tubes contenant chacun 5 centimètres cubes d'eau de la Vanne sont ensemencés avec des traces de sang charbonneux.

La méthode des cultures sur plaques y dévoile la présence de bactéridies charbonneuses après 24, 48 et 72 heures.

L'inoculation à un cobaye et à une souris ne donne aucun résultat.

SÉRIE III. — Quatre tubes d'eau de l'Ourcq sont ensemencés avec une culture de charbon contenant des filaments et des spores.

Des colonies caractéristiques du bacillus anthracis se montrent sur les plaques de gélatine dans les quatre premiers jours, à partir de ce moment on n'en trouve plus.

Comme on le voit, la bactéridie charbonneuse peut vivre pendant 3 et 4 jours dans l'eau non stérilisée.

Bacille de la fièvre typhoïde.

SÉRIE I. — Cinq tubes contenant chacun 10 centimètres cubes d'eau de l'Ourcq sont ensemencés avec une anse de platine de culture de bacilles d'Eberth prise sur la pomme de terre.

Au bout de 24 heures on prélève un centimètre cube de cette eau, après agitation préalable, et on procède à la confection d'une plaque de gélatine. On prépare ainsi six plaques semblables. Examinées au bout de 5 jours, elles présentent des colonies de bacilles d'Eberth qui, semés sur la pomme de terre, donnent des cultures caractéristiques.

Les plaques faites après 48 et 72 heures et les jours suivants ne présentent plus de colonies du microbe ensemencé.

Série II. — Quatre tubes contenant chacun 5 centimètres cubes d'eau de la Vanne sont ensemencés avec des traces de culture de bacilles d'Eberth prise sur la pomme de terre.

Après 24 heures, on procède à la confection de six plaques de gélatine suivant le procédé de MM. Chantemesse et Widal; c'est-à-dire que dans chacun des tubes de gélatine devant servir à faire une plaque, on ajoute quatre gouttes d'une solution d'acide phénique à un vingtième pour un volume de 10 centimètres cubes de gélatine.

Il nous fut absolument impossible de distinguer, sur nos plaques examinées le cinquième jour, les bactéries pathogènes parmi les nombreuses colonies étrangères développées à côté d'elles.

Des plaques confectionnées le deuxième, le troisième, le quatrième jour nous donnèrent à l'examen le même résultat négatif.

Série III. — Trois tubes contenant chacun 10 centimètres cubes d'eau de Seine sont ensemencés avec des traces de culture de bacilles d'Eberth prise sur la pomme de terre.

Les plaques confectionnées après 24 et 48 heures de séjour du microbe dans l'eau, par le procédé de MM. Chantemesse et Widal, renferment des bacilles d'Eberth. Mais sur celles que l'on prépare à partir du troisième jour, les résultats de l'examen sont toujours négatifs.

En résumé, dans toutes ces expériences le bacille d'Eberth a pu vivre au plus pendant 48 heures dans l'eau non stérilisée.

Spirille du choléra asiatique.

Série I. — Cinq tubes contenant chacun 10 centimètres cubes d'eau de l'Ourcq sont ensemencés avec des traces d'une culture du choléra.

Des plaques sur gélatine sont confectionnées au bout de 24 heures avec un centimètre cube de cette eau. L'examen de ces plaques, fait le quatrième jour, permet d'y reconnaître de nombreuses bactéries du microbe pathogène.

Des plaques faites deux, trois et quatre jours après l'ensemencement ne présentèrent jamais de colonies.

Série II. — Quatre tubes contenant chacun 5 centimètres cubes d'eau de la Vanne sont ensemencés avec des traces de culture de choléra.

La méthode de culture sur plaques n'y dévoile aucune colonie du microbe pathogène déjà 24 heures après l'ensemencement; on ne les retrouve pas non plus après 36, 48, 72 heures.

Série III. — Trois tubes d'eau de Seine sont ensemencés avec des traces d'une culture de choléra.

Les colonies de la spirille se développent sur les plaques de gélatine confectionnées 24 heures après l'ensemencement, on ne les retrouve plus dans celles qui ont été préparées le troisième et le quatrième jour.

Dans l'eau non stérilisée et maintenue en vase clos, le bacille du choléra ne vit guère que 24 heures.

Bacille de la tuberculose.

Expér. I. — Cinq tubes d'eau de l'Ourcq sont ensemencés avec des traces de bacilles de la tuberculose; ils contiennent chacun 10 centimètres cubes d'eau.

Au bout de 24 heures on inocule à un cobaye, après agitation préalable, 1 centimètre cube de cette eau. L'animal sacrifié deux mois après n'est point tuberculeux.

Des inoculations faites les jours suivants ne provoquent même pas non plus de phénomènes locaux.

Expér. II. — Cinq tubes contenant chacun 10 centimètres cubes d'eau de la Vanne sont ensemencés avec des traces d'une culture de tuberculose.

Inoculée à un cobaye après 48 heures à la dose de 2 centimètres cubes, cette eau ne lui transmet point la tuberculose.

Bacille de la morve.

Expér. 1. — Deux tubes contenant chacun 5 centimètres cubes d'eau de la Vanne sont ensemencés avec une culture de morve.

Six jours après on inocule 1 centimètre cube de cette eau dans le ssu cellulaire sous-cutané d'un cobaye qui présente trois semaines plus tard une orchite double. Sacrifié un mois après, on trouve dans sa rate les bacilles de la morve.

Expér. II. — Un tube contenant 5 centimètres cubes d'eau de l'Ourcq, ensemencé avec des traces de culture de morve, est inoculé 8 jours après à un cobaye qui présente au bout de six jours une orchite double. L'animal meurt de la morve trois semaines plus tard.

Expér. III. — On injecte à un cobaye 5 centimètres cubes d'eau de la Vanne dans laquelle séjournent depuis *trois semaines* des bacilles de morve.

Huit jours après l'animal présente une orchite double avec des abcès dans les deux testicules; il meurt le vingt-cinquième jour de la morve.

Le bacille de la morve peut donc se conserver pendant très longtemps dans l'eau non stérilisée.

On voit combien le résultat de ces expériences est différent de celui que nous avons obtenu dans le chapitre précédent.

Il n'a pourtant rien qui puisse nous surprendre. En effet, lorsque dans un milieu de culture se trouvent différentes espèces de micro-organismes, il arrive au bout de quelque temps que certaines d'entre elles prennent le pas sur les autres et arrivent à y prédominer. Cette *concurrence* que se font entre eux les microbes d'espèces différentes peut tenir à plusieurs raisons.

L'espèce qui dans un milieu donné trouve les conditions les plus favorables à son développement, envahira ce terrain plus ou moins vite, plus ou moins complètement, sans que l'on puisse dire au juste si les autres espèces sont détruites ou réduites à l'impossibilité de germer et de se reproduire. La concentration et la réaction du milieu ainsi que la température ont une importance capitale.

En général, on peut dire qu'aux schizomycètes il faut un milieu alcalin, aux moisissures un milieu acide.

On pourrait supposer que les substances nutritives sont d'autant plus vite assimilées par l'espèce qui s'en empare la première, que le milieu lui est plus favorable et que dès lors les autres espèces, se trouvant dans un milieu de plus en plus pauvre, ne peuvent s'y développer. Mais ce n'est certainement pas là la cause de la disparition des microbes pathogènes dans l'eau non stérilisée puisqu'ils peuvent vivre pendant très longtemps dans l'eau distillée. Les produits de déchets, les produits de transformation des matières assimilées par l'espèce prédominante qui a pullulé, n'auraient-ils pas une certaine importance sur les conditions vitales ultérieures du milieu?

Les produits sécrétés ne peuvent-ils point arrêter d'abord le développement des autres espèces et après une certaine limite le développement ultérieur de l'organisme prédominant?

Ce sont là des hypothèses qu'il est permis de faire, mais qui nécessiteraient une vérification expérimentale.

Quoi qu'il en soit de l'explication, il n'en persiste pas moins ce fait, que les microbes pathogènes ensemencés dans des *tubes* contenant de l'eau non stérilisée meurent infiniment plus vite que lorsqu'on les place dans de l'eau stérilisée.

Nous ne voudrions pas cependant donner à ce fait plus d'importance qu'il n'en mérite, car il est loin d'avoir la portée pratique qu'on pourrait être tenté de lui attribuer. Dans nos expériences faites *in vitro*, sur une petite quantité d'eau qui ne se renouvelle point, la multiplication des bactéries aquatiles se fait très activement et dans des proportions qui ne se présentent pour ainsi dire jamais pour les eaux d'alimentation. C'est surtout en vases clos que les effets de la concurrence se font sentir. Pouvons-nous conclure de ce qui se passe dans nos tubes à ce qui a lieu pour une rivière ? Assurément non. Dans celle-ci, en effet, l'eau se renouvelle à chaque instant, et les sources de contamination peuvent être aussi de tous les moments, surtout en temps d'épidémie.

Les résultats obtenus dans nos expériences sur la durée de la vie des microbes pathogènes dans l'eau non stérilisée sont donc loin d'être aussi instructifs que ceux que nous a fournis la deuxième partie de notre travail. C'est ceux-ci qu'il faut prendre pour base, afin d'en tirer les indications pratiques au point de vue de la prophylaxie des maladies infectieuses. L'hygiéniste devra toujours se rappeler que l'eau peut pendant longtemps servir de milieu de culture à un grand nombre de microbes pathogènes.

CONCLUSIONS

1° L'examen bactériologique est indispensable pour établir si les eaux de boisson sont ou ne sont pas dangereuses.

2° Parmi les nombreux procédés d'analyse biologique, deux seulement méritent d'être conservés : celui des cultures sur milieux liquides et celui des cultures sur milieux solides.

Quand on tiendra à obtenir des résultats absolument rigoureux, on s'adressera à la méthode de M. Miquel. Malheureusement elle exige une grande habitude, des précautions infinies, une installation onéreuse et une perte de temps considérable.

Si l'on veut se contenter de résultats très approximatifs, mais cependant suffisants au point de vue pratique, on s'adressera à la méthode des cultures sur plaques due à M. Koch, dont l'exécution est infiniment plus facile et qui donne des résultats beaucoup plus rapides.

3° Un grand nombre de microbes pathogènes peuvent vivre et se multiplier dans les eaux potables, contrairement à l'opinion émise par plusieurs auteurs et défendue surtout par M. Meade Bolton. Il n'y a donc pas de distinction radicale à établir à cet égard, entre ces microbes et les bactéries communes de l'eau. Nous sommes sur ce point absolument d'accord avec MM. Wolffhügel et Riedel qui étaient arrivés à cette conclusion dans des expériences analogues aux nôtres, faites sur un petit nombre de microbes pathogènes.

4° Dans l'eau de rivière et dans l'eau distillée stérilisées.

Le *bacillus anthracis* a été trouvé vivant au bout de 131 jours ;

Le *bacille de la fièvre typhoïde* après 81 jours ;

La *spirille du choléra asiatique* le 39° jour.

Le *bacille de la tuberculose* au bout de 115 jours ;

Le *bacille de la morve*, après 57 jours ;

Le *streptococcus pyogenes* le 15° jour.

Le *staphylococcus pyogenes aureus* était encore vivant après 30 jours ;

Le *bacille du pus bleu* au bout de 73 jours ; la *pneumobactérie de Friedlænder* après 8 jours ;

Le *micrococcus tetragenus* au bout de 19 jours ;

Le *microbe du choléra des poules* après le 8° jour ;

Le *bacille du rouget du porc* après 34 jours ;

Le *bacille de la septicémie de la souris* au bout de 20 jours.

5° Au point de vue de la durée de la vie dans l'eau, les microbes pathogènes se divisent en deux grandes classes, d'une part les *bacilles*, de l'autre les *microcoques*, les premiers s'y conservant beaucoup plus longtemps que les seconds.

6° La longue durée de la vie des *bacilles* dans l'eau paraît tenir à ce qu'ils y donnent des spores, le fait est absolument démontré pour la bactéridie charbonneuse ; les microcoques, pour lesquels on ne connaît pas de formes durables, succombent plus vite dans ce milieu.

7° Les microbes pathogènes pouvant vivre très longtemps dans l'eau *distillée* stérilisée, il en résulte qu'ils ne présentent pas comme caractéristique absolue les exigences nutritives qu'on est enclin à leur attribuer.

8° La composition chimique des eaux n'a aucune influence sur la durée de la vie des microbes pathogènes, puisqu'ils vivent aussi longtemps dans l'eau distillée que dans l'eau de rivière stérilisées.

9° Un séjour plus ou moins prolongé de ces micro-organismes dans l'eau n'atténue nullement leur virulence ; le bacille de la tuberculose paraît cependant faire exception et subir une certaine atténuation.

10° Lorsque l'on sème des microbes pathogènes dans l'eau non stérilisée, ils y disparaissent rapidement par suite de la concurrence des bactéries communes de l'eau.

Dans ces conditions, le *bacillus anthracis* a disparu après le 4° jour, le *bacille de la fièvre typhoïde* après 24 à 48 heures, la *spirille du choléra* n'y vit guère que 24 heures.

Le *bacille de la morve* résiste beaucoup plus longtemps ; il était, dans un cas, encore vivant et virulent après 3 semaines de séjour dans l'eau non stérilisée.

11° Il est impossible de comparer ce qui se passe dans ces dernières expériences, faites *in vitro*, sur une quantité d'eau peu abondante et *qui ne se renouvelle point*, avec ce qui a lieu pour une rivière ou un puits, dont l'eau, d'une part, se renouvelle incessamment, et dont la contamination, d'autre part, peut aussi s'effectuer d'une façon incessante.

INDEX BIBLIOGRAPHIQUE

Arloing. — *Analyseur bactériologique des eaux. (Arch. de physiologie, 1887.)*
— *Congrès pour l'étude de la tuberculose des hommes et des animaux. (Semaine médicale, 1er août 1888.)*
Arnould. — *Mode d'action du bacille typhique dans l'économie. (Revue générale de clinique et de thérapeutique, 12 mai 1887.)*
Baumgarten. — *Zeitschr. f. wissenschaftl. Mikroskopie, 1886, p. 419.*
Brouardel. — *Sur une épidémie de fièvre typhoïde ayant régné en août et septembre 1886. (Comptes rendus de l'Académie des sciences, 13 décembre 1886.)*
— *Épidémie de Clermont-Ferrand. (Annales d'hygiène, 1887, p. 183.)*
— *Des modes de propagation de la fièvre typhoïde (6e congrès international d'hygiène et de démographie. Vienne, septembre 1887. (Annales d'hygiène, 3e série, t. XVIII, p. 383.)*
Chantemesse. — *Enquête sur les causes de l'épidémie de fièvre typhoïde qui a régné à Clermont-Ferrand. (Revue d'hygiène, IX, 1887, p. 368.)*
Cadéac et Malet. — *Étude expérimentale sur la transmission de la morve par contagion médiate et par infection. Revue de médecine, 1887, p. 353.)*
Cahen. — *Les Eaux de Nancy. Thèse de Nancy, 1887.*
Certes. — *Analyse micrographique des eaux. (Association pour l'avancement des sciences. (Congrès de la Rochelle, 1882, p. 777-795.)*
Chantemesse et Widal. — *Recherches sur le bacille typhique et l'étiologie de la fièvre typhoïde. (Arch. de physiologie normale et pathologique, 3e série, t. IX, 1887.)*
— *Communication au Congrès pour l'étude de la tuberculose. Paris, 1888. (Semaine médicale, 1er août 1888.)*
Charrin. — *Réflexions à propos du choléra de l'île d'Yeu et de Bretagne. (Annales d'hygiène, 1887, 3e série, t. XVII, p. 23.)*
Cornil. — *L'Eau de rivière et la fièvre typhoïde à Paris. (Bull. de la Soc. méd. des hôpitaux, 25 février 1887.)*
Cramer. — *Die Wasserversorgung von Zürich und ihr Zussammenhang mit der Typhus Epidemie von 1884. Zurich, 1885.*

Dreyfus-Brisac et Widal. — *Gazette hebdomadaire*, 1886, p. 726.

Fol et Dunant. — *Archives des sciences physiques et naturelles de Genève*, juin 1884, p. 925.

Fol et Dunant. — *Effets du repos prolongé sur la pureté de l'eau. (Revue d'hygiène*, 1885, p. 183.)

Frankland. — *On the multiplication of micro-organisms. (Proceedings of the Royal Society. London*, 1886.)

Fränkel und Simmonds. — *Weitere Untersuchungen über die Ætiologie der Abdominaltyphus. (Zeitschrift f. Hygiene*, t. II, p. 138, 1887.)

Kraus. — *Ueber das verhalten pathogener Bacterien in Trinkwasser (Arch. f. Hygiene*, 1887, t. VI, p. 234.).

Kowalski. — *Ueber bacteriologische Wasseruntersuchungen. (Wiener klin. Wochensch.*, 1888, nos 10-16.)

Gaffky. — *Experimentell erzeugte Septicemie (Mitheill aus dem Kaiserl Gesundheitsamte*, t. I, 1881.

Leone. — *Atti della R. Accademia dei Lincei*, série IV, vol. I, p. 726, 1885.

Macé. — *Annales d'hygiène*, 1887, p. 354.

Malapert - Neuville. — *Examen bactériologique des eaux. (Annales d'hygiène*, 1887.)

Marié-Davy. — *Contribution à l'étude des eaux potables. (Journal d'hygiène*, 3 novembre 1887.)

Meade Bolton. — *Ueber das Verhalten verschiedener Bacterienarten im Trinkwasser. (Zeitsch. f. Hygiene*, t. I, 1886, p. 76.)

Michael. — *Typhus-Bacillen im Trinkwasser. (Fortsch. der medizin*, juin 1886, p. 353.)

Miquel. — *Analyse micrographique des eaux. (Annuaire de l'Observatoire de Montsouris*, 1880, et *Journal de pharmacie et de chimie*, mars, avril, mai 1888.)

Mörs. — *Die Brunnen der Stadt Mülheim am Rhein vom bacteriologischen Standpunkte aus betrachtet. (Engänzungsheft. zum Centralblatt für allgem. Gesundheitspflege*, t. II, p. 133, 1886.)

Pasteur et Joubert. — *Comptes rendus de l'Académie des sciences*, 1878, t. LXXXIV, p. 208.

Pasteur. — *Bulletin de l'Académie de médecine*, 19 février 1878, 2e série, t. VII, p. 167.

Proust. — *Appréciation de la valeur des eaux potables à l'aide de la culture, dans la gélatine. (Revue d'hygiène*, 1884, t. VI, p. 915.)

Straus et A. Dubarry. — *Recherches sur la durée de la vie des microbes pathogènes dans l'eau (Archives de Médecine expérimentale et d'Anatomie pathologique*, 1er janvier 1889, p. 1.)

Thoinot. — *Sur la présence du bacille typhique dans l'eau de Seine à Ivry. (Bull. de l'Acad. de méd.*, 5 avril 1887, et *Semaine méd.*, 6 avril 1887.)

Vallin. — *Eau de Seine et fièvre typhoïde. (Revue d'hygiène*, t. IX, 1887, p. 625.)

Wolffhügel et Riedel. — *Die Vermehrung der Bacterien im Wasser. (Arb. des kais. Gesundheitsamtes*, t. I, 1886, p. 455.)

TABLE DES MATIÈRES